无人机航拍技术

主 审 张海军
主 编 朱 强 司英占 蒋万超

哈尔滨工业大学出版社

图书在版编目（CIP）数据

无人机航拍技术/朱强，司英占，蒋万超主编．--哈尔滨：哈尔滨工业大学出版社，2024.6
ISBN 978-7-5767-1455-5

Ⅰ.①无⋯ Ⅱ.①朱⋯ ②司⋯ ③蒋⋯ Ⅲ.①无人驾驶飞机—航空摄影 Ⅳ.①TB869

中国国家版本馆 CIP 数据核字（2024）第 103632 号

策划编辑	刘　瑶
责任编辑	刘　瑶
封面设计	初心设计
出版发行	哈尔滨工业大学出版社
社　　址	哈尔滨市南岗区复华四道街 10 号　邮编 150006
传　　真	0451-86414749
网　　址	http://hitpress.hit.edu.cn
印　　刷	江西省健达印务有限公司
开　　本	787mm×1092mm　1/16　印张 9.75　字数 220 千字
版　　次	2024 年 5 月第 1 版　2024 年 5 月第 1 次印刷
书　　号	ISBN 978-7-5767-1455-5
定　　价	49.80 元

（如因印装质量问题影响阅读，我社负责调换）

前言

近年来随着低空经济的发展，无人机技术及产业的飞速发展，无人机运用已越来越民用化，销售价格也趋于大众化，由此，无人机应用技术也得到了发展。在航拍应用领域中，无人机技术已经逐步进入大众视野，就像摄影一样融入人们的生产生活中。很多的摄影爱好者开始学习无人机航拍技术，他们需要掌握无人机操控技术及相关摄影知识，而无人机操控熟练者也需要提高相关的摄影技能。

"无人机航拍技术"作为无人机应用技术专业的基础课程，将帮助无人机航拍人员和业余爱好者全面了解无人机航拍的相关专业知识。本书介绍了无人机航拍技术的技巧，从航拍的角度具体介绍了航拍器材选择、后期处理技巧，并重点介绍了纪录片类航拍、电影航拍、航拍直播，从拍摄到后期制作剪辑等流程，系统性地覆盖了无人机航拍技术的各个环节。本书可作为零基础的无人机航拍技能培训教材和无人机应用技术专业基础教材，也可作为无人机航拍业余爱好者和相关专业人员的自学教材。

因无人机技术更新换代很快，对使用技术的讲解不可能覆盖所有品牌机型，本书主要以大疆无人机作为讲解案例，但是无人机航拍技术的操控原理和后期处理方式都是相通的，对于其他机型的使用者仍有参考意义。

本书由朱强、司英占、蒋万超担任主编，由乔战宏、宋世鑫、杨凌霄、杨德英、职新卫、张相涛担任副主编，由郭岩、张冰冰、王丽华、程一锦、刘帅武、王志强、王胜男、万涛、曲冬日、李欣璐、凌灿权、李俊杰、梅二召参与编写。

由于编者编写水平有限及时间仓促，书中难免有不足之处，恳请读者批评指正。

编者

2024 年 3 月

目 录

▶ 无人机航拍概述 ·· 1

    0.1 无人机的定义和分类 ·· 1

    0.2 无人机航拍 ··· 2

    0.3 无人机航拍的发展趋势与潜在挑战 ··· 3

▶ 项目一 航拍器材的选择与使用 ··· 6

    任务 1 飞行的操纵与安全 ··· 7

    任务 2 航拍设备的选择与准备 ·· 13

    任务 3 航拍设备的使用技巧 ·· 19

▶ 项目二 航拍摄影摄像基础 ·· 25

    任务 1 摄影基础知识 ··· 25

    任务 2 拍摄角度、景别与构图方法 ··· 42

    任务 3 航拍摄像运镜技巧 ·· 53

▶ 项目三 航拍流程 ··· 59

    任务 1 航拍项目洽谈 ·· 60

    任务 2 航拍设备运输与邮寄 ·· 63

    任务 3 航拍执行与收尾 ··· 66

项目四 纪录片类航拍 ·········· 69

- 任务1 镜头语言 ·········· 70
- 任务2 纪录片类航拍的流程 ·········· 76
- 任务3 脚本与分镜的制作 ·········· 86
- 任务4 不同条件下的航拍训练 ·········· 91

项目五 航拍应用与发展 ·········· 99

- 任务1 电影航拍 ·········· 100
- 任务2 广告航拍 ·········· 107
- 任务3 航拍直播 ·········· 111

项目六 航拍视频后期剪辑与制作 ·········· 117

- 任务1 航拍视频后期制作 ·········· 118
- 任务2 视频后期制作关键技术 ·········· 120
- 任务3 视频后期制作常用软件 ·········· 122
- 任务4 视频剪辑软件操作流程 ·········· 124
- 任务5 Photoshop航拍图片处理实用技巧 ·········· 143

参考文献 ·········· 148

无人机航拍概述

0.1 无人机的定义和分类

0.1.1 无人机的定义

无人机（unmanned aerial vehicle，UAV）是指没有人搭乘的、通过遥控或预设程序自主飞行的飞行器。无人机可以搭载各种传感器、摄像机、通信设备等，用于执行各种任务，包括航拍、侦察、监视、搜救、农业作业、货物运输等。

0.1.2 无人机的分类

根据无人机的用途和特点，无人机可以分为多个类别。以下是一些常见的无人机分类。

（1）多旋翼无人机。多旋翼无人机是一种通过多个垂直安装的旋翼提供升力和操控力的飞行器。常见的多旋翼无人机包括四旋翼、六旋翼和八旋翼，具有垂直起降能力和悬停稳定性，适用于近距离航拍、实时监视等任务。

（2）固定翼无人机。固定翼无人机采用类似传统飞机的翼面提供升力，通过推进器提供推力，能够实现长时间远程飞行。固定翼无人机通常具有较高的飞行速度和较长的续航时间，适用于广域搜索、航测测绘等任务。

（3）垂直起降和转场无人机。垂直起降和转场无人机结合了多旋翼无人机和固定翼无人机的特点，既能垂直起降，又能在水平飞行时转换为固定翼模式，以提高续航时间和飞行速度。例如，某些垂直起降和转场无人机可以像直升机一样垂直起降，然后在空中转换为固定翼模式进行远程飞行。

（4）高空长航时无人机。高空长航时无人机具有极高的飞行高度和长时间的续航能力，可以在高空执行长期侦察、监视任务。它们通常具备自动飞行和自主导航能力，可以长时间停留在目标区域上空。

（5）微型无人机。微型无人机体积小巧、轻便，适用于室内飞行、紧凑空间探测等任务。这类无人机常用于个人娱乐、科研探索、教育等领域。

需要注意的是，无人机的分类和术语可能会根据不同的来源及应用领域有所不同。上述分类主要基于常见的无人机类型，除此之外还有其他衍生类别和特殊应用的无人机存在。

0.2 无人机航拍

0.2.1 无人机航拍的定义

无人机航拍是利用无人机进行航空摄影和拍摄的过程。通过无人机的高度和灵活性，可以获得俯瞰角度、鸟瞰景观、特定区域的照片和视频素材。无人机航拍在许多领域都有广泛的应用，包括电影制作、广告、房地产、旅游、自然资源管理等。

0.2.2 无人机航拍注意事项

（1）选择合适的无人机。根据航拍需求，考虑飞行稳定性、相机负载能力、续航时间等因素，选择适合的无人机型号和配置。

（2）遵守法律和规定。在进行无人机航拍之前，了解并遵守所在地的无人机法规和规定。这可能涉及事先获得许可、注册无人机、遵循飞行限制区域等。

（3）安全飞行。确保在安全的环境中进行航拍，避免人群、机动车辆和障碍物。保持良好的飞行姿态和高度，以避免与其他航空器或建筑物发生碰撞。

（4）拍摄计划和构图。在飞行前制订拍摄计划，确定拍摄的目标区域和角度。考虑光线条件、景深、构图原则等，以获得令人满意的照片和视频素材。

（5）相机设置和稳定器。了解无人机相机的设置选项，并根据拍摄需要进行调整。考虑使用稳定器或云台设备，以保持图像的稳定性和平滑度。

（6）后期处理和编辑。无人机航拍所获得的素材可能需要进行后期处理和编辑，包括图像色彩校正、视频剪辑、特效添加等，以达到预期的效果。

（7）隐私和道德问题。在进行无人机航拍时，尊重他人的隐私权和合法权益，避免侵入私人领地或拍摄他人的私人活动，遵守道德和法律法规。

尽管无人机航拍具有很多优势和潜力，但也需要谨慎操作和遵守相关的法律规定。在进行无人机航拍之前，应确保操作者已经了解并遵守所在地的法律要求，并采取适当的安全措施来保障飞行和拍摄的安全性。

0.2.3 无人机航拍的建议

(1) 飞行安全和飞行技巧。在进行无人机航拍之前,熟悉和掌握无人机的飞行技巧是至关重要的。了解无人机的操作指南和飞行模式,熟悉遥控器的功能和控制方式;练习基本的起飞、降落、悬停、转弯等动作,并确保在安全的环境下进行飞行。

(2) 预先勘察和飞行计划。在实际航拍之前,进行目标区域的预先勘察是必要的。了解飞行区域的地形、障碍物、电线、建筑物等情况,以避免潜在的飞行障碍和危险;制订飞行计划,确定起飞和降落点,考虑飞行路线和拍摄角度。

(3) 天气条件和飞行限制。天气状况对无人机航拍至关重要。避免在恶劣天气条件下飞行,如大风、雨雪、浓雾等。此外,了解飞行限制区域和禁飞区域,遵守相关法律规定。

(4) 电池管理和续航时间。无人机的续航时间是限制航拍时间的主要因素之一。在飞行前确保电池充电充足,并了解无人机的平均续航时间。根据计划的航拍任务,合理安排飞行时间,以确保在足够的电池续航时间内完成任务,或准备备用电池。

(5) 数据存储和备份。无人机航拍会产生大量的图像和视频数据。应确保有足够的存储空间,并定期备份数据,以防止数据意外丢失。

(6) 航拍许可和许可证。根据所在地的法律法规和要求,需要获得相关的航拍许可或许可证。了解并遵守这些要求,以确保无人机的合法性和合规性。

(7) 保险和责任。考虑购买无人机航拍的责任保险。飞行时要时刻注意周围环境和他人的安全,并承担起适当的责任。

(8) 不同场景的航拍技巧。根据不同的航拍场景和目的,掌握适当的航拍技巧。例如,在风景航拍中,考虑使用运动轨迹、透视线条和光线条件来增强照片的艺术效果。

无人机航拍是一个不断发展和创新的领域,随着技术的进步和应用的扩展,将有更多的挑战。航拍时,要始终保持安全第一,并遵守适用的法律。

▶ 0.3 无人机航拍的发展趋势与潜在挑战

0.3.1 无人机航拍的发展趋势

(1) 提高无人机的飞行性能和稳定性。随着技术的不断进步,无人机的飞行性能和稳定性得到了显著提高。新一代无人机配备了更先进的飞行控制系统、更高精度的传感器和更强大的处理能力,使其能够在更恶劣的环境下飞行,并获得稳定、平滑的航拍效果。

(2) 高分辨率图像和视频质量。随着相机和传感器技术的进步,无人机航拍可以提供更高分辨率、更清晰、更详细的图像和视频质量。这使得航拍成为获取精确数据

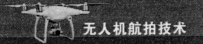

和创作高品质内容的首选工具。

（3）自动化和智能化。自动化和智能化是无人机航拍领域的重要发展趋势。通过先进的飞行控制算法和人工智能技术，无人机可以实现自主起降、路径规划、障碍物避障和智能跟踪等功能。这些功能使得航拍操作更加简化和高效，并提供更多创作和拍摄选择。

（4）多传感器融合。为了扩展航拍应用的能力，无人机航拍采用了多传感器融合技术。通过将不同类型的传感器（如相机、激光雷达、热像仪等）结合在一起，无人机可以获取更全面、多维度的数据，实现更广泛的应用，如地形测绘、三维建模和环境监测等。

（5）长飞行续航能力。无人机的续航时间一直是限制其应用的因素之一。然而，随着电池技术的改进和无人机设计的优化，长飞行续航能力逐渐成为现实。更高容量的电池、能量效率的提升以及充电和更换电池的快速方式，推动了无人机航拍在长时间任务和大范围应用中的发展。

（6）法规和政策不断完善。无人机航拍的发展也受到法规和政策的影响。各国政府和航空管理机构正在制定、完善无人机的飞行规定及许可要求，以确保无人机的安全性和合规性。随着无人机技术的进步，预计将看到更多的法规和政策框架出台，以适应无人机航拍的快速发展。

这些发展趋势表明无人机航拍在未来将继续成为许多行业中重要的创作工具。随着无人机技术的进步和应用的不断扩展，我们可以期待更多创新和突破，使无人机航拍在各个领域发挥更大的作用。

0.3.2 无人机航拍的潜在挑战

（1）法规和隐私问题。无人机航拍涉及航空领域和个人隐私问题。各国政府和航空管理机构制定了一系列法律法规，以确保无人机的安全性和合规性。同时，无人机航拍特别是在私人领域和公共场所的使用也引发了对个人隐私的担忧。因此，合规性和隐私问题仍然是无人机航拍面临的挑战之一。

（2）飞行安全和碰撞风险。无人机航拍可能与其他航空器、建筑物或障碍物发生碰撞。因此确保其飞行安全和减少碰撞风险是至关重要的。虽然现代无人机配备了各种传感器和避障系统，但在繁忙的空域和复杂的环境中飞行仍然具有挑战性。

（3）飞行时间和续航能力。无人机的续航能力仍然有限，一般只能飞行数十分钟到几小时，限制了无人机在某些任务和应用中的使用时间和范围。虽然电池技术的改进和更高效的无人机设计可以提高续航能力，但长时间任务和大范围应用仍然面临挑战。

（4）天气和环境条件限制。无人机航拍受到天气和环境条件的限制。恶劣的天气条件，如高风速、降雨、大雾等，可能影响无人机的飞行安全和图像质量。此外，特定环境条件，如高海拔地区或极端温度环境，也可能对无人机的性能和操作产生影响。

（5）数据处理和存储需求。无人机航拍产生的图像和视频数据量巨大，需要高效的数据处理和存储能力。处理和管理大规模的航拍数据可能需要高性能的计算设备和大容量的存储系统。此外，数据的后期处理与分析也需要专业技能和软件工具的支持。

（6）成本和经济可行性。无人机航拍的成本仍然是一个挑战。无人机价格较昂贵，维护成本较高，同时还需要培训操作人员。对于一些行业和应用来说，评估无人机航拍的经济可行性和回报率仍然是一个重要的考虑因素。

这些挑战和限制需要在无人机航拍技术的发展及应用中得到解决和克服。随着科技的进步和行业的发展，相信会有更多的创新和解决方案出现，推动无人机航拍的进一步发展。

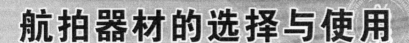

项目一
航拍器材的选择与使用

项目描述

航空摄影为人们提供了一个全新的角度认识并感受这个世界。随着科技的发展,无人机航拍已经日趋大众化,越来越多的人加入其中,涉及的领域也越来越广泛。

无人机成本较低,这让高技术、高难度的航拍大大地降低了门槛。相比于以前,现在市面上推出的一些航拍器材具有一体化功能,操作非常简单,没有专业背景的人也可以使用。

本项目将航拍器材的选择与使用过程划分成3个任务进行实践训练,以此掌握航拍器材的选择与使用方法。任务一学习无人机的基本操作方法,增强飞行安全意识;任务二根据任务选取合适的航拍器材和做好飞行前的准备工作;任务三掌握航拍设备的使用技巧。

项目目标

◉ 素质目标

(1) 具有精益求精的工匠精神、团队协作精神和创新精神。
(2) 具有安全飞行意识。
(3) 具备一定的表达沟通能力。
(4) 具备良好的心理素质及应变能力。

项目一　航拍器材的选择与使用

●知识目标
（1）熟练掌握遥控器操作方法，熟悉无人机飞行操作。
（2）熟练掌握无人机起飞前的准备工作。
（3）熟练掌握天气查询方法。
（4）熟练掌握航拍设备运输方法。
（5）熟练掌握现场航拍基本流程。
●能力目标
（1）能够进行无人机起飞前的安装调试，根据无人机位置调整遥控器天线。
（2）能够操纵无人机按规定航线飞行。
（3）能够根据航拍任务选择无人机航拍设备。
（4）能够合理划分航拍团队人员的职责。
（5）能够处理航拍中的常见问题。
●思政目标
（1）通过起飞前的准备工作培养责任心。
（2）通过禁飞区的概念引导遵纪守法。
（3）通过项目的准备培养精益求精的工匠精神。
（4）通过航拍项目的实施培养团队协作精神。

任务1　飞行的操纵与安全

任务描述

使用无人机航拍时，飞行操纵与安全对于提升航拍影像质量和确保飞行安全都具有重要意义。因此，在航拍过程中，必须高度重视无人机飞行的操纵与安全问题，并采取有效措施加以保障。熟练的无人机操纵技术能够使镜头更加灵活地移动，捕捉到更加独特和丰富的画面，提升航拍影像的真实性和艺术感染力，确保摄影师实现理想的构图和角度，从而创作出更加出色的航拍作品。同时，为防止无人机失控或发生碰撞事故，无人机驾驶员需要精确控制无人机飞行的高度和速度，确保无人机在飞行过程中保持稳定，避免发生意外。在飞行过程中，无人机可能会遇到各种复杂的环境和气候条件，如强风、雷电等，飞手优秀的操纵技术能够使其更加灵活地应对这些挑战，确保无人机安全返回。

> 任务学习

知识点❶ 摇杆操作方式

常见的摇杆操作模式有美国手模式、日本手模式和中国手模式，我国使用最多的为美国手模式。下面以美国手模式为例进行介绍，其他操作方式可见相应产品说明书。

在遥控器上设有左、右两个摇杆，均可以上下左右拨动，左手摇杆分别控制无人机上升、下降和原地旋转，右手摇杆分别控制无人机的前进后退及左右平移。美国手模式下摇杆对应动作及控制通道如图1-1所示。

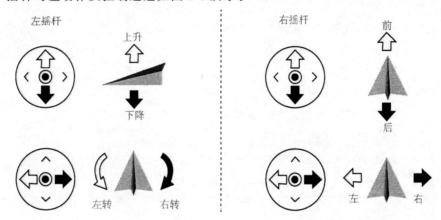

图1-1 美国手模式下摇杆动作及控制通道

> 任务实施

由教师指定飞行科目和飞行模拟器（如DJI GO 4 APP中的"飞行模拟"），学生使用模拟器完成指定科目，熟悉遥控器操作。将相关数据填入表1-1中。

表1-1 操作记录（1）

飞行模式	P或N模式	S模式	C模式	A模式
上升下降				
顺/逆时针自旋				
矩形航线				
圆形航线				
"8"字航线				

知识点❷ 飞行模式切换

飞行模式切换开关设在遥控器左上角或正前方。遥控器飞行模式切换开关如图 1-2 所示。

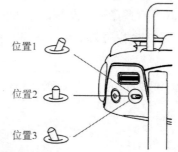

位置 1（P 或 N 模式）	定位飞行模式
位置 2（S 模式）	运动飞行模式
位置 3（A 模式）	姿态飞行模式
C 模式	平稳飞行模式

图 1-2　遥控器飞行模式切换开关

（1）定位飞行模式。使用卫星定位模块，水平全向、上视以及下视视觉系统，红外传感系统，以实现飞行器精确悬停、稳定飞行、智能飞行等功能。定位卫星信号良好时，利用卫星定位可精准定位；定位卫星信号欠佳而光照等环境条件满足视觉系统需求时，利用视觉系统定位；开启避障功能且光照等环境条件满足视觉系统需求时，一般无人机会限制最大飞行姿态角和最大飞行速度。

（2）运动飞行模式。使用卫星定位模块、下视视觉系统实现飞行器精确悬停和稳定飞行。无人机操控感度经过调整，最大飞行速度将会提升。使用运动模式飞行时，视觉避障功能一般自动关闭。

（3）姿态飞行模式。无人机将在水平方向产生漂移，并且视觉系统及部分智能飞行功能将无法使用。该模式下无人机自身无法实现定点悬停及自主刹车。

（4）平稳飞行模式。平稳飞行模式在普通模式的基础上限制了最大飞行速度、上升及下降速度，使无人机在拍摄过程中更稳定。

在定位卫星信号差或者指南针受干扰，并且不满足视觉系统定位工作条件时，无人机将进入姿态飞行模式。在姿态飞行模式下，无人机应尽快降落到安全位置以避免发生事故。应当尽量避免在卫星信号差以及狭窄空间飞行，以免进入姿态模式，导致飞行事故。

任务实施

1. 教师操纵主遥控器，学生操纵副遥控器。
2. 由教师操纵无人机在合适高度悬停，指导学生切换不同的飞行模式。学生在不同模式下熟悉遥控器操作，完成缓慢平移。（不同无人机的飞行模式不同，不必苛求全部体验。）将相关数据填入表1-2中。

表1-2 操作记录（2）

操纵项目	上升1～3 m	平移至目标点	平移回返航点	下降至原高度
定位飞行模式				
运动飞行模式				
平稳飞行模式				
姿态飞行模式				

知识点❸ 起飞前准备

操控无人机时，务必使无人机处于最佳通信范围内。及时调整操控者与无人机之间的方位与距离，或天线位置以确保无人机总是位于最佳通信范围内。遥控器最佳通信范围如图1-3所示。

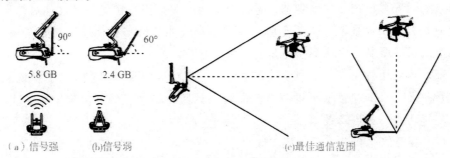

图1-3 遥控器最佳通信范围

起飞前对无人机的检查，是无人机安全飞行的重要保障。具体检查项目如下：

(1) 观察周围环境，规划航线。
(2) 检查飞行器结构是否完好。
(3) 检查螺旋桨是否安装到位。
(4) 先开启遥控器，后开启无人机。
(5) 检查天线位置是否摆放妥当。
(6) 检查摇杆的操作方式（美国手模式、日本手模式或中国手模式）。
(7) 检查电池电量和温度。

(8) 检查低电量报警设置。

(9) 检查失控行为设置。

(10) 检查返航点是否已刷新/记录。

(11) 视情况校准指南针。

任务实施

教师将无人机拆解、折叠并装箱，学生取出无人机并进行起飞前检查。将检查结果填入表 1-3 中。

表 1-3 操作记录（3）

序号	检查项目	适宜或检查完成后打"√"	未完成问题记录
1	周围环境		
2	开箱检查配件		
3	无人机结构		
4	安装螺旋桨		
5	开启遥控器		
6	天线位置摆放		
7	熟悉的摇杆操作方式		
8	检查电量和温度		
9	低电量报警设置		
10	失控行为设置		
11	安装电池		
12	开机		
13	反航点已刷新		

知识点 ❹ 无人机实操飞行

（1）起飞前等待相应飞行软件（如 DJI GO 4 App）界面中的飞行状态指示栏显示为绿色，指示"起飞准备完毕（GPS）"。这样无人机会自动记录当前位置为返航点，当无人机发生意外情况时，可以点击"自动返航"使无人机自动返回到返航点。

（2）选择开阔、周围无高大建筑物的场所作为飞行场地。保证初次飞行时，无人机在视线控制范围内，要远离障碍物、人群、水面等。

（3）起飞无人机。将无人机放置在开阔地，操作员离开无人机到安全距离。点击飞行软件中的"自动起飞"图标，无人机自动起飞上升到1.2 m处悬停。也可以手动起飞，将左右摇杆一起摇向内侧下方或外侧下方即可启动旋翼电机，再向上推动油门杆使无人机上升。无人机起飞操纵方法如图1-4所示。

图1-4　无人机起飞操纵方法

起飞后，无人机在较低的高度保持1 min左右悬停状态，检查是否发生漂移，如有漂移，需要重新校准。再尝试将无人机向指定方向移动，确保无人机完全在操作员的控制之下。

（4）操控无人机进行平缓飞行。推动油门将无人机上升到安全高度，注意要高于区域内的所有障碍物。要缓慢推动遥控器摇杆，确保无人机平缓飞行，反复练习。

（5）降落无人机。点击飞行软件中的"自动起飞"图标，无人机自动降落并停止旋翼电机。也可以手动降落，缓慢向下拉动油门杆，直至无人机降落，保持油门杆处在最低位置2 s，直至旋翼电机停止。

任务实施

1.教师操纵主遥控器，学生操纵副遥控器。

2.学生在教师的指导下，完成起飞准备、起飞，熟悉操控遥控器，熟悉矩形航线、圆形航线的飞行和降落。操作结束后，将操作数据填入表1-4中。

表1-4　操作记录（4）

序号	操作项目	操作或检查完成后打"√"	未完成问题记录
1	起飞准备		
2	起飞		
3	悬停检查		
4	熟悉操控遥控器		
5	矩形航线		
6	圆形航线		
7	降落		

任务 2 航拍设备的选择与准备

任务描述

了解了无人机飞行的操纵与安全之后,我们即将进入航拍设备的准备阶段。根据不同的飞行场景,如生活应用、工农业应用和军事应用,航拍设备主要分为旋翼无人机航空摄影设备和固定翼无人机航空摄影设备。本次任务的重点是介绍无人机收纳设备、充电和监看设备、通信设备及相关配件等。

任务学习

知识点❶ 设备类型

无人机航拍设备由飞行器、云台、相机等组成。选择不同功能的设备,会影响到拍摄的内容和质量。因此在选择航拍设备时,需根据客户对画质的需求、预算以及拍摄内容、环境等综合考虑。

根据航拍设备的性能、价格和用途,通常将航拍设备分为消费级、专业级和行业应用级 3 类。只有充分了解不同航拍设备的技术参数,才能合理选择设备。

目前,大疆是全球最知名的航拍无人机品牌,占据了消费级无人机市场 80% 的份额。以大疆系列无人机为例,常见消费级设备有"御"系列(图 1-5)、"精灵"系列(图 1-6)等,它通常用于家庭生活、旅拍小视频、新闻报道等。

图 1-5 大疆御 T3 无人机　　　　　图 1-6 大疆精灵 4 pro 无人机

专业级设备如大疆"悟"系列搭载禅思系列云台(图 1-7),无人机和云台可分别独立控制,云台相机镜头可更换,还可录制无损视频,满足纪录片、广告、电影等拍摄需要。

行业应用级设备如大疆"经纬"系列和一些定制飞行平台(图 1-8),往往可搭载一系列专业电影机、镜头及附件。

图 1-7　大疆悟 2 无人机＋禅思 x7 云台相机　　图 1-8　大疆经纬 M350 RTK 无人机＋禅思 P1 云台相机

教师罗列相关消费级航拍设备，学生查询并填写设备的相应技术参数（以大疆设备为例）。将相关数据填入表 1-5 中。

表 1-5　部分消费级航拍设备技术参数

产品名称	Mavic 3 Classic	DJI Air 3	DJI Mini 4 Pro	精灵 4 Pro V2.0
尺寸				
质量				
飞行性能				
智能模式				
拍摄质量				
避障能力				

教师也可对禅思系列镜头进行对比，如禅思 P1、H20T、X7 和 X5S 等型号的特点及应用场景。

知识点❷　项目类型

项目类型是决定项目制作预算、画质要求、拍摄内容的主要因素。只有充分了解不同类型项目的需求，才能在选择设备时做出合理判断。

（1）电影项目。随着科技的发展，无论是空镜拍摄还是调度拍摄，都需要高质量的拍摄素材以满足后期制作标准，如张艺谋导演的《影》就选择了悟 2 无人机搭载禅思 X5S 云台相机完成航拍。当电影中故事情节的调度拍摄需要航拍时，为保障航拍素材和地面机位拍摄素材的匹配度，往往会要求空中和地面使用相同的设备拍摄。例如，地面机位使用低规格设备 ARRI ALEXA Mini 电影机、Cooke Anamorphic 镜头，为了搭载这些设备就需要使用定制飞行平台 STORM 搭载影 2 进行航拍；当拍摄环境处于复杂、风险较高的场景时，为了保证安全、控制风险，通常选择小巧灵活的设备来完成拍摄，如电影《"大"人物》在拍摄车戏镜头时，就选择了大疆悟 2 无人机跟随拍摄；当拍摄内容涉及从室外到室内等动态范围较高的环境时，选择使用电影机拍摄可获得较高的动态范围；当拍摄高品质镜头或特殊镜头质感时，可使用定制飞行平台搭载一系列电影镜头及无线跟焦器等配件进行航拍。

（2）广告项目。汽车、旅游等广告拍摄通常使用航拍镜头。汽车广告通常需要展现汽车行驶环境的空镜头和车辆性能的镜头。为体现汽车性能，往往车辆行驶速度较快、拍摄环境复杂，需要机动性能好、灵活方便的设备。有些拍摄地点会选择自然环境恶劣的高海拔、高湿度、极寒极热、大风沙尘等区域，这就需要可靠性和便携性高的航拍设备。

（3）纪录片项目。纪录片项目与电影、广告不同，一般预算和人员较少，拍摄周期较长，航拍镜头多为交代环境的空镜头，拍摄环境通常较为复杂，设备携带较为困难。纪录片播出平台以电视和网络居多，对设备画质性能要求有一定的包容性，一般消费级和专业级设备都可以用于纪录片拍摄。部分纪录片对画质要求与电影拍摄在同一水准上，需要素材有较大的后期制作空间。根据需求和预算，可以选择使用专业级设备搭载较好的云台镜头完成拍摄。

（4）综艺（真人秀）项目。在户外综艺节目及婚礼拍摄中，可以用航拍交代环境和进行具体节目的录制。具体节目拍摄时，被摄对象的运动存在较大的不确定性，最重要的是将被摄对象稳定地呈现在画面中，因此一般选取操作灵活、携带方便的设备。综艺节目的播出平台与纪录片项目一样，也可选择一般消费级和专业级设备。消费级设备体积、噪声均较小，减少对地面拍摄和收音的影响；专业级设备可以双人操作、更换镜头，较容易获得高质量的稳定画面。

任务实施

教师罗列部分影视作品的航拍镜头，学生根据拍摄内容，选取自己认为合适的航拍设备，并阐明选取该型设备的理由。将理由填入表 1-6 中。

表 1-6　航拍项目对应的航拍设备

航拍项目	飞行平台	云台	相机	镜头	选择理由
《航拍中国》					
《速度与激情》					
《开讲啦》					
城市宣传片					

知识点❸　无人机的选择

近几年，航拍设备推陈出新，选择更加多样化，特别是一体化设备的出现，为航空摄影节省了许多调试时间。选择合适的无人机，可以帮助团队简化烦琐的工作。面对不同的任务，航拍团队需要综合考虑无人机的续航能力、载重能力、尺寸、云台及遥控器等因素。

（1）续航能力。续航能力是指无人机连续飞行的时间。主流无人机单块（组）续航时间一般在15～30 min，理论上可以满足影视剧和纪录片的需求。无人机续航能力关系到拍摄时的"容错能力"，拍摄是各个部门通力协作的结果，很多环节存在不确定性，因此无人机起飞后可能在空中较长时间停留候机，良好的续航能力可以更好地适应这种环境。另外，寒冷地区和高海拔地区会使无人机续航能力缩短，使用无人机航拍前，需计算好单块电池续航时间及充电时间，带好充足的电池和充电设备进行作业。

（2）载重能力。载重能力主要取决于空机质量、最大有效载荷和最大起飞重量。其中最大有效载荷关系着挂载质量，当无人机达到或超过最大有效载荷时，可能会影响无人机的正常续航时间。

（3）尺寸。尺寸包括对角线轴距、展开尺寸和折叠尺寸。其中，对角线轴距会影响无人机的命名；展开尺寸决定了无人机的通过能力；折叠尺寸决定了无人机的便携性。

（4）FPV：第一人称视角。FPV镜头安装于无人机机头前端，输出第一人称视角飞行画面，辅助飞手实时观察航线前进方向有无障碍物，确保飞行安全。

（5）云台。无人机高速飞行时，云台可以保障航拍画面的稳定性。常见云台有两轴云台和三轴云台。其中，两轴云台能维持俯仰轴和滚转轴画面平稳移动；三轴云台能维持俯仰轴、平移轴和滚转轴画面平稳移动，减少抖动。航拍团队可根据拍摄需求、云台配置选择合适的云台设备。

（6）遥控器。无人机原装遥控器一般可选适配移动设备遥控器和自带高亮屏遥控器，对频方便快捷，适配性较高，可自定义按键，但扩展按键较少。许多商用遥控器配备双频图传，并采用可更换天线设计以增加抗干扰能力，同时配置HDMI、SDI、USB和CAN等接口，方便视频输出。

任务实施

教师给出部分无人机型号，学生查询并填写设备相应的技术参数（以大疆设备为例）。将相关数据填入表1-7中。

表1-7 不同型号无人机的技术参数

产品名称	Mavic 3 Classic	DJI Air 3	DJI Mini 4 Pro	精灵 4 Pro V2.0
续航能力				
最大载荷				
FPV				
云台（几轴）				
遥控器				

知识点 ❹ 收纳及充电设备

外出执行任务时，团队需要携带无人机、备用机、电池、相机镜头和充电设备等。要想增加工作效率、降低转场时间，就需要合理的收纳管理措施、合适数量的电池及方便的充电设备。

1. 收纳设备

（1）运输箱。运输箱需要具有良好的防护性、便携性和足够的收纳空间及分区。专业品牌运输箱可以通过定制减震内胆，减少运输对设备造成不同程度的损坏，根据需要挑选防寒、防摔、防爆和防水等不同需求的运输箱。

（2）拉杆包。拉杆包可用来放置无人机相关配件，如镜头盒、备用云台、滤镜组、电池、充电器及存储卡等。双肩背负的拉杆包可以适应大部分运输过程，并对设备起到保护作用。

（3）无人机机材标注。航拍团队一般备有多台无人机，为了方便管理和使用，需要对每架无人机及其相应的主副控进行标注，防止错拿而影响拍摄。

2. 电池及充电设备

（1）电池。品牌无人机一般使用智能电池，通过遥控器屏幕或软件查看电池剩余电量及温度。电池在使用前需要预热，尤其在寒冷地区，低温会使电池性能降低。另外，部分无人机可使用不同规格的电池（组），若使用电池组，所有在用电池应当为统一规格，不可混合使用。

（2）电池管家。电池管家可以配合标配充电器使用，一般不能同时对多块电池充电，但充电管家会按照电量由高到低依次对电池进行充电。使用电池组的无人机需对电池进行配对，并对配对的电池统一贴好外部标签，方便管理和使用。

（3）多通道并行充电器。此类充电器可同时为多块电池和充电器充电，高效便捷。

（4）电池管理站。电池管理站配备多种接口，可同时对多种电池同时进行充电，一次性解决充电、储存、运输等问题，可高效管理电池。除充电外，电池管理站还可以简单快速地为电池放电，内置散热风扇可保障电池内部的温度。

（5）多功能转换插头。由于不同国家或地区电压和插座标准不同，出国拍摄时需提前准备转换插头。

（6）车载逆变器。拍摄现场没有可用电源时，可用车载逆变器对航拍设备进行充电。在充电过程中，汽车发动机必须是启动状态，防止车载电瓶过度耗电。

（7）发电机。发电机可产生直流电和交流电，一般体积小、质量轻、方便携带。

任务实施

1. 教师带领学生对航拍设备进行分类标注。

2. 教师罗列相关航拍设备，学生计算并填写外出航拍需用的电池数量（以大疆设备为例）。将相关数据填入表1-8中。

表1-8　无人机航拍所需电池数量

产品名称	Mavic 3 Classic	DJI Air 3	DJI Mini 4 Pro	精灵 4 Pro V2.0
续航能力				
电池充电时长				
最少电池数				

3. 学生自行制作设备检查清单以便飞行前清点设备，教师点评，学生改进。

知识点❺　其他设备

除了以上设备，航拍还需要其他设备，如监视设备、通信设备、仪表照明设备和装调设备等。

（1）监视设备。监视设备有可用高亮显示屏、手机屏幕或者监视器。日间作业时，强光在显示设备上反光，会导致显示不清，降低拍摄效率，延长拍摄时间，使用高亮显示屏可有效地解决强光下的反光问题；使用手机屏幕作为显示器方便携带与通信，同时方便及时更新软件；拍摄电影等需要进行展示的视频时，通过HDMI等接口将信号输出至显示器、导演、云台手等多人可同时观看航拍视频，部分监视器除具有实时转播功能外，还具有回放功能，方便提高沟通效率。需要注意的是，监视器一般不兼容飞行控制软件。

（2）通信设备。常用通信设备有对讲机、手机和卫星电话。对讲机作为常用通信设备，一般每个部门选用不同频道，在本部门频道内方便及时协调沟通，但飞手和云台手一般要双手操作，难以在作业时使用手持对讲机；手机作为最普遍的通信设备也会用于航拍沟通交流使用，可使用多人会议通话，但操作时注意干扰和杂音，另外，多人通话环境噪声大会严重影响通话质量；航拍环境比较偏远恶劣时，往往没有稳定的手机信号，这时可以使用卫星电话进行通信。

（3）仪表照明设备。拍摄时会根据需求用到GPS打点器、风速仪等仪表，对当前航拍位置及环境进行测定；夜间拍摄需要头灯、补光灯等设备进行照明，利用激光笔进行引导等。

（4）装调设备。成品航拍器虽然不需要组装调试工作，但需要配备基础的装调设备，方便团队进行维修维护、锁紧紧固件以及更换零部件。同时需要带清洁剂，对设备及时进行清洁保养。狭小空间及低空作业时，需使用桨叶保护罩。任务结束后收纳设备时，需使用云台保护罩和镜头保护罩，防止云台损伤和镜头划伤。

任务实施

教师指定操作科目，学生按照教师指导进行操作，并将操作记录填入表1-9中。

表1-9　操作记录（5）

序号	操作项目	操作或检查完成后打"√"	未完成问题记录
1	将无人机取出并组装准备飞行		
2	拆下云台保护罩		
3	装上桨叶保护罩		
4	更换桨叶		
5	更换镜头		
6	更换电池		
7	拆下桨叶		
8	拆下桨叶保护罩		
9	装上云台保护罩		
10	清洁机身		
11	将无人机拆解并装入收纳箱		

任务3　航拍设备的使用技巧

任务描述

随着技术的发展，航空摄影设备使用越来简单便携，操作界面更加人性化，使用方法也愈加"傻瓜式"。然而，当前大部分飞行平台为多旋翼无人机，使用的飞控也是商用飞控，在使用过程中会遇到各种各样的突发情况，很多使用技巧是必不可少的。

任务学习

知识点❶　起飞前使用技巧

无人机起飞前，飞手需查询当地的法律法规及禁飞区，同时仔细观察周围的飞行环境，并将无人机调整到合适状态。

（1）对频。无人机在升级或者返厂后，遥控器和无人机需要重新对频，使用副控

时也要重新对频。对频前一般要在机身不显眼的位置找到相应的按键，大部分遥控器为防止误触，一般需要顶针等工具才能按下，按下后无人机会有不同的灯光闪烁，同时遥控器也需要进入对频模式，对频开始。

（2）指南针校准。无人机飞行区域距离上次飞行发生了较大的变化或者磁场影响时需要进行指南针校准，校准时主要远离金属或带电物体，并要求无人机飞离地 1.5 m 左右（可将其抱于胸前的位置）。

（3）IMU 校准。无人机由众多传感器组成，在使用过程中，由于磁场、大的震动或者放置不水平、无人机预热时间过长等诸多因素的影响，会显示 IMU 异常，需要重新校准 IMU。开始校准前推荐将桨叶拆下（以防误操作启动电机），无人机置于平坦的地面上，以便进行加速度计校准。大部分成品无人机都有校准引导图例，需严格按照图例移动无人机。校准加速度计和陀螺仪时，切勿随意移动无人机，在校准过程中切勿关闭电源或启动电机。

（4）电池和内存卡。智能电池长时间不用会自动放电至储存电压，所以使用前需先将电充满。同时，每次使用前需要查看内存卡剩余容量，不要影响拍摄进度。

（5）遥控器校准。可在遥控器或软件的设置中找到遥控器设置，进行遥控器校准。校准开始前需将遥控器左右摇杆回中，无人机断电，校准开始后需要将两个摇杆都拨至各个方向的最大行程，常见方法为旋转摇杆，但一定要将每个摇杆的 4 个角都拨到。

（6）高度和距离设置。不同国家或地区飞行的最大合法高度不同，可根据当地法律法规设定最大高度和距飞手的距离，如国内城市区域一般为 120 m 的高度，视距内 500 m 的距离。

有时无人机自检时并未发出任何错误信息，但起飞后发现飞行不稳，可降落后重启无人机。若依然不能解决问题，可以先检查遥控器回中位置并进行遥控器校准，校准时需将无人机处于断电状态。再次尝试起飞后问题依然存在，可对指南针和 IMU 校准。

任务实施

1. 教师设定故障或更换遥控器，学生按照教师指导进行操作，并将操作记录填入表 1-10 中。

表 1-10　操作记录（6）

序号	操作项目	操作或检查完成后打"√"	未完成问题记录
1	电池及遥控器充电		
2	遥控器对频		
3	遥控器校准		
4	指南针校准		
5	IMU 校准		

2. 学生自行制作无人机飞行前检查清单（表1-11），教师点评，学生改进。

表1-11 无人机飞行前检查清单

环境勘察及准备	□1. 天气良好，无雨、雪、大风 □2. 起飞地点避开人流 ……
开箱检查	□1. 飞行器电量充足 □2. 遥控器电量充足 ……
开机检查	□1. 打开遥控器并与手机/平板连接 □2. 确保无人机水平放置后打开无人机电源 ……
试飞检查	□1. 起飞至安全高度（3～5 m） □2. 观察无人机悬停是否异常 ……
检查完毕，可安全飞行	

知识点❷ 飞行拍摄技巧

无人机在飞行过程中会遇到各种突发情况，或遇到一些特殊的拍摄需求，这时需要飞手快速地做出判断，并将无人机调整到合适状态。

（1）落地垫。无人机在草地、沙地上起降时，可能会干扰螺旋桨。主要危险是短草和沙砾，在着陆或起飞时会使无人机失去平衡，可能会导致无人机坠毁。

（2）电调鸣叫或无人机飞丢时开启，方便搜寻无人机。

（3）窄距感知。一般情况下自动避障功能要求小于5 m/s飞行速度，基本可实现完美避障。但开启避障后很多较窄的通道不能顺利通过，许多飞手会选择关掉自动避障功能，其实更简便的操作是开启窄距感知。

（4）图传切换。许多机型提供了2.4 GB和5.8 GB两种图传模式，当2.4 GB通道较拥挤时（表现为图传卡顿、不流畅），可适时切换到5.8 GB，使图传较为顺畅。

（5）手动刷新返航点。无人机在飞行过程中会遇到卫星信号不稳、丢星等问题，当它再次搜星成功后，会刷新返航点至成功搜星的位置，此时需要手动刷新返航点至遥控器位置，防止无人机再次丢星后返航位置错误。

（6）打断自动返航。无人机电量低或遥控信号丢失时会触发自动返航，返航过程中再次连接遥控信号后，可手动打断自动返航。

（7）天线调整。当遥控信号弱，如丢图等情况出现时，应及时调整天线方向，同时将无人机向返航方向或高处飞行。

（8）上传飞行记录。通过上传飞行记录可以存储无人机的飞行记录，也可以在无人机丢失后咨询客服，辅助搜寻无人机。

（9）相机云台设置。云台一般设置为跟随模式，使画面尽可能流畅，也可根据拍摄需要设定 FPV 模式。若要拍摄慢镜头，可适当增加拍摄帧数。例如，若输出视频为 30 fps（帧/s），而拍摄速度设置为 240 fps，则输出视频时长将为拍摄时长的 8 倍，即画面在流畅的条件下可 8 倍慢放。另外，还可根据需要设置白平衡和拍摄无损照片。

教师设定科目，学生按照教师指导进行操作。将操作结果填入表 1-12 中。

表 1-12 操作记录（7）

序号	操作项目	操作或检查完成后打"√"	未完成问题记录
1	收放落地垫		
2	开启电调鸣叫		
3	开启窄距感知		
4	切换图传		
5	刷新返航点		
6	打断自动返航		
7	上传飞行记录		
8	拍摄慢镜头		

知识点❸ 拍摄后技巧

无人机完成拍摄任务后，除了对航拍照片视频的后处理，还需要对无人机进行维护保养等，用以确保下次出任务时，无人机处于完好可用状态。

（1）关闭无人机电源。飞行任务结束后，要确保第一时间关闭电源。在检查和拆卸无人机之前，也要确保关闭电源，并且电池、无人机、飞行控制器和任何其他的带电设备都要关闭电源。

（2）检验无人机的主要部件。整体查看无人机及螺旋桨，检查是否有脏污、灰尘、水渍、昆虫或者任何其他类型的污垢堆积，清洁无人机，以便及时发现比较隐蔽的损坏。将无人机擦拭干净之后，查看主要部件是否有裂缝。检查螺旋桨时，如果发现任何缺口、断裂或者任何形式的损坏，无论大小，都需要更换螺旋桨及螺旋桨防护装置和保护罩。清洁相机镜头，防止镜头损伤而影响下次拍摄。

（3）电池检查。无人机一般使用高能量锂电池，如电池出现损坏、鼓包等问题，必须及时处理，否则损坏的电池可能会导致火灾，甚至爆炸。对已使用的电池应及时进行充电，若长时间不使用，可将充电器置于储存电压充电模式，以便电池长时间储存。储存环境需宽松阴暗、防水防潮。

（4）装配、起落架和线路检查。无人机飞行时，电机会产生剧烈振动，导致无人机装配松动。而松动的装配可能导致螺旋桨、电机以及其他附件发生摇晃、异响、滚动，最终导致无人机飞行不稳定，因此一定要装配适当，确保在下一次飞行期间不会有任何部件发生松动。同时还要检查起落架和线路，查看起落架是否有破裂或者裂缝，检查所有能见到的线路是否出现裂缝、断裂、烧焦或者任何其他形式的损坏。

（5）下载保存数据。除了需要将无人机飞行中拍摄的照片和视频尽快下载保存，还需要下载保存飞行记录，以便查看已飞区域，方便下次飞行任务续飞。保存完成后及时清理内存卡，为下次拍摄清理出充足的空间。

任务实施

1. 学生自行制作飞行后检查清单，见表1-13，教师点评，学生改进。

表1-13 无人机飞行后检查清单

关闭无人机电源	□1. 关闭无人机电源
	□2. 关闭遥控器电源
	……
检验无人机的主要部件	□1. 无人机表面清洁
	□2. 机体无裂缝、破损
	……
电池检查	□1. 电池无损坏、鼓包
	□2. 电池已充满
	……
装配、起落架和线路检查	□1. 无人机机臂、起落架无松动
	□2. 线路未出现裂缝、断裂、烧焦
	……
下载保存数据	□1. 保存飞行记录
	□2. 清理内存卡
	……
检查完毕，无人机完好可用	

2. 学生分组查询总结电池使用、保养和储存注意事项，自行制作电池注意事项清单，见表1-14。教师总结点评，并统一整理打印清单，将其置于电池储存箱显著位置。

表 1-14　电池注意事项清单

电池使用注意事项	☐1. 电池已充满
	☐2. 电池已预热和保温
	……
电池保养注意事项	☐1. 记录电池使用情况
	☐2. 使用平衡充电模式
	……
电池储存注意事项	☐1. 电池已充电至储存电压
	☐2. 电池置于阴凉处存放
	……
检查完毕，电池完好可用	

项目二
航拍摄影摄像基础

项目描述

高空航拍是无人机行业应用的方向之一，无论是专业级的影视拍摄，还是消费级的娱乐拍摄，对无人机航拍均有旺盛的市场需求。从无人机航拍实践出发，为了提高航拍作业效率和成片质量，在正式开始无人机飞行之前，学习摄影摄像的基础知识是必不可少的。通过本项目任务实训，学生可掌握摄影基础知识、构图方法和基础运镜技巧。

项目准备

相机：不论是数码单反还是微单，选择一款适合自己的相机即可。

镜头：根据拍摄需求选择不同的镜头，如广角镜头、标准镜头和长焦镜头等。

三脚架：用于稳定相机，特别是进行长时间曝光或视频录制时。

无人机：选择空机质量不超过 4 kg，且起飞总质量不超过 7 kg 的小型航拍无人机。

▶ 任务 1 摄影基础知识

任务描述

通过对相机光圈、快门、感光度、白平衡、焦距、分辨率等参数进行设置，以及镜头、景别、拍摄角度、构图、运镜技巧的选择和训练，学生学习摄影的基础知识。

知识点 ❶ 曝光三要素

相机的曝光三要素指光圈、快门和感光度（ISO），它们影响成像画面的明暗程度。正确理解和掌握曝光三要素之间的关系是学习摄影的基础。

1. 光圈

光圈位于相机镜头上，由一组可动薄片组成，直接影响光线进入相机传感器的光量，其孔径大小可根据光线强弱程度进行调节。常见的相机镜头光圈数值有 f/2.8、f/4.0、f/5.6、f/8.0、f/11、f/16、f/22 等，其中，f/2.8 是大光圈，进入相机的光线多；f/22 是小光圈，进入相近的光线少。当然，有些镜头的光圈更大，如 f/1.0、f/1.4、f/2.0 等。

光圈与景深的关系：光圈越大，景深越浅，背景越虚化；光圈越小，景深越深，背景越真实。

2. 快门

快门是让光线在设定时间内通过镜头上的光圈进入相机传感器的装置。快门平时处于关闭状态，当按下相机机身上的快门按钮时，快门被瞬间打开，在设定时间内又迅速关闭。它决定了光线进入相机的时间长短。快门与光圈配合使用，共同作用来影响画面的曝光程度。

对于相机拍摄，快门速度是非常重要的设置参数之一。常见的快门速度表示方式为 1/4 000 s、1/2 000 s、1/1 000 s、1/500 s、1/250 s、1/125 s、1/60 s、1/30 s、1/15 s、1/8 s、1/4 s、1/2 s、1.0 s、2.0 s、4.0 s、8.0 s、15 s 等。快门数值越小，表示快门动作速度越快，光线通过镜头光圈进入相机传感器的时间越短，相应的画面曝光时间也越短。如果此时相机的光圈较小，则可能会引起画面曝光不足。快门数值越大，表示快门动作速度越慢，光线通过镜头光圈进入相机传感器的时间越长。此时，画面曝光越充分，成片效果越明亮。

3. 感光度（ISO）

感光度（ISO）指相机传感器 CMOS/CCD 对光线的敏感程度。感光度（ISO）设定数值有 100、125、160、200、250、400、500、640、800、1 000、1 250、1 600、2 000、2 500、3 200、4 000、5 000、6 400 等。

感光度（ISO）数值越高，CMOS/CCD 对光线的敏感程度越高，同时，画面的噪点也会越多，影响成像质量；反之，感光度（ISO）数值越低，CMOS/CCD 对光线的敏感程度越低，画面的噪点也会越少，成像质量越高，画面越细腻。因此，优先使用光圈和快门来满足画面曝光要求，尽量降低感光度（ISO）数值设定，以减少画面噪点的出现。

知识点 ❷ 摄影用光

学习摄影用光的目的：理解和掌握光源的色温，通过对相机白平衡参数的调节，对拍摄场景色彩进行最佳效果还原，以及合理利用被拍摄主体与光线的方向关系来增强感染力，营造氛围，引导观众视线，并最终提升摄影作品的艺术性和表现力。

1. 色温

在摄影和视觉艺术中，色温的选择对于色彩还原和整体画面气氛的塑造非常重要，摄影师可能会使用不同色温的光源来达到预期的视觉效果。

色温是描述光源颜色特性的一个参数，源于"黑体辐射"理论，即当一个理想的黑色物体（称为黑体）被加热时，它会逐渐发出不同颜色的光。随着温度的升高，黑体会依次呈现红、橙、黄、白、蓝等颜色。记录各个颜色所对应的温度，便有了色温数据，单位是开尔文（K）。该值越大，光源所表现出的颜色越冷。

以下是一些常见的色温范围及其对应的光线特征：

（1）2 000 K：偏暖色，如烛光、火柴光、白炽灯、日出和日落的太阳光等。

（2）2 700～3 000 K：暖白色调，常见于传统白炽灯、卤素灯和一些室内照明，营造温馨、舒适的氛围。

（3）3 000～3500 K：中性偏暖，用于平衡温暖和冷色调的照明环境。

（4）3 500 K：早晨阳光的色温，适合家居照明和需要自然感觉的环境。

（5）4 000 K：月光或浅黄光日光灯的色温，常用于办公照明和需要清晰视觉的场所。

（6）4 100～4500 K：更偏冷的中性白色调，适用于需要明亮照明且不希望有明显暖色或冷色倾向的环境。

（7）5 000～5 600 K：日光或晴天的色温，被认为是摄影上的"正常"或"日光"色温，能够真实地还原色彩。

（8）6 000～6 500 K：类似于蓝天的颜色，有时用于特定的工业或医疗环境，以及需要极高显色性的应用。

（9）6 400 K 及以上：超冷白色调，用于需要极度明亮和清晰照明的场合，如演播室或某些特殊工业照明。

2. 白平衡

白平衡是摄影和视频拍摄中的一项重要技术，用于调整图像的颜色，确保在不同光源下白色物体能够正确地呈现为白色。这是因为不同的光源具有不同的色温，会导致图像颜色出现偏色。

不同类型的光源（如钨丝灯、荧光灯、正午的阳光等）具有不同的色温，表现为光线颜色的不同。例如，钨丝灯发出暖黄色调的光，而正午的日光则更接近白色或稍微偏蓝。

当相机传感器接收到这些不同色温的光线时，如果没有进行调整，图像中的颜色可能会出现偏差。例如，在暖色调的灯光下，原本白色的物体可能看起来会偏黄。

通过相机的白平衡参数设置来增加或减少红、绿、蓝3种基本颜色的强度，补偿不同光源下的色彩偏差，从而使白色物体在各种光照条件下都能正确显示为白色。相机白平衡参数设置方式如下：

（1）自动白平衡模式：相机自动检测场景中的光线条件并尝试调整白平衡参数以获得准确的颜色。

（2）预设白平衡模式：相机中预设有日光/阳光、阴影/阴天、钨丝灯/白炽灯、荧光灯、闪光灯等白平衡模式，可以根据当前特定光源环境进行模式选择。

（3）手动白平衡模式：直接手动输入色温的开尔文值，精确控制画面的色彩倾向。

3. 光位

光位是指光源相对于被拍摄主体和相机的位置，也就是光线的方向和角度。不同的光位会产生不同的视觉效果和明暗造型，对照片的氛围、质感以及主体的表现都有着重要影响。以下是常用的几种光位：

（1）顺光（正面光）。光源来自被拍摄主体的正前方，与相机同处一侧，光线直接照射在被拍摄主体的正面，其方向与相机到被拍摄主体之间的连线方向一致，即角度为0°。此时，被拍摄主体正面光线均匀分布，较为明亮、无阴影，画面表现平淡，缺乏明暗对比和立体感。

（2）前侧光。光源来自被拍摄主体的侧前方，从45°或－45°方向照射被拍摄主体，可以产生一定阴影，增加照片的立体感。在人像摄影中，适当使用前侧光可以强调面部轮廓，有时会有瘦脸的效果。

（3）正侧光。光源来自被拍摄主体的正侧方，从90°或－90°方向照射被拍摄主体，可以产生强烈的明暗对比，能够凸显被拍摄主体的整体结构，较好地表现立体感和质感，因此，该光位也被称为立体光。

（4）逆光。光源来自被拍摄主体的正后方，从180°方向照射被拍摄主体，从相机侧面观察，被拍摄主体的正面全部处于背光面中，非常暗淡，甚至模糊不清，只有总体轮廓清晰可见。因此，该光位也被称为轮廓光。此时，可以创造出剪影效果或者通过补光来保留细节。

（5）后侧光（侧逆光）。光源来自被拍摄主体的侧后方，从135°或－135°方向照射被拍摄主体，可以使被拍摄主体的边缘产生明亮的轮廓光，同时被拍摄主体正面的大部分区域处于阴影中，具有一定的戏剧性和神秘感。

（6）顶光。光源来自被拍摄主体的正上方，光线自上而下照射，上亮下暗，凸亮凹暗，通常会导致强烈的阴影和高光。如果用于人像摄影，可能会产生不讨喜的光影效果，如紧张情绪或神秘氛围，有时在特定的艺术创作中会有所应用。

（7）底光。光源来自被拍摄主体的正下方，光线自下而上照射，下亮上暗，这种光位在某些情况下可能会造成诡异或者恐怖的效果，不太适合常规的人像摄影，但在创意摄影中可能会有意想不到的效果。

知识点❸ 镜头与焦距

相机镜头是由一组透镜组成的光学装置，用来在相机传感器 CCD/CMOS 上形成拍摄影像，是相机系统的重要部件之一。

根据焦距是否可调，镜头分为定焦镜头和变焦镜头。定焦镜头光学元件结构单一，焦距不可调，拍摄视角和取景范围固定不变，成像质量稳定可靠，如 35 mm、50 mm、85 mm 等焦段。变焦镜头的光学结构设计复杂，焦距可调，拍摄视角和取景范围随焦距变化而变化，可以在不更换镜头的情况下，拍摄不同景别的画面，可以满足复杂的多场景拍摄需求，如 12～24 mm、24～70 mm、70～200 mm 等焦段。

根据焦距的长短规格，镜头可分为标准镜头、短焦镜头（广角镜头）和长焦镜头。

（1）标准镜头。拍摄视野范围最接近人眼视角（单眼前视，约 50°），对于全画幅相机来说，标准镜头的焦距是 50 mm。

（2）短焦镜头。其焦距比标准镜头的焦距短，一般小于 50 mm，也称广角镜头，如 8 mm、15 mm、24 mm、28 mm、35 mm 等，其拍摄视野范围广，被拍摄主体所占画面比例较小。

（3）长焦镜头。其焦距比标准镜头的焦距长，一般大于 50 mm，如 85 mm、105 mm、135 mm、200 mm、400 mm 等，其拍摄视野范围窄，被拍摄主体所占画面比例较大。

知识点❹ 传感器、分辨率及帧速率

1. 传感器

相机传感器是数码相机中用于捕捉光线并将其转化为电子信号的关键部件。CCD 和 CMOS 是两种主要的传感器类型，它们在数码相机、摄像头和其他成像设备中被广泛使用。

（1）CCD 传感器。CCD 传感器将接收到的光线转换为电荷，这些电荷再转变为电压信号，最后通过模数转换器转换为数字信号。CCD 通常具有较高的量子效率和较低的暗电流，因此在低光环境下的性能通常较好。此外，由于其电荷转移的方式不同，CCD 传感器在噪声控制方面通常优于同等规格的 CMOS 传感器。CCD 传感器的功耗相对较高，且制造过程复杂，成本较高。

（2）CMOS 传感器。每个像素单元内部都有一个放大器和模数转换器，可以直接将接收到的光信号转换为数字信号。这样，每个像素都可以独立读取，减少了数据传输的复杂性。CMOS 传感器功耗低、制造成本低、集成度高，能够实现更快的帧速率和更高的读出速度。早期的 CMOS 传感器在噪声控制和动态范围方面不如 CCD，但这一差距已经显著缩小。随着科技的进步，CMOS 传感器在图像质量方面已经接近甚至

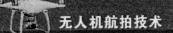

超过了 CCD 传感器。

在选择 CCD 或 CMOS 传感器时，需要考虑具体的应用需求，包括图像质量、功耗、成本、帧速率及工作环境等因素。现代数码相机和摄像头大多采用 CMOS 传感器，因其在性价比、功耗和性能方面的优势。然而，在一些对图像质量和噪声控制有极高要求的专业应用中，CCD 传感器仍然是首选。

（3）传感器尺寸。相机的 CMOS 尺寸是指图像传感器的物理面积，通常以对角线长度或者宽度和高度的毫米数来表示。消费级数码相机通常使用较小的 CMOS 尺寸，如 1/2.3 in（1 in＝25.4 mm）、1/1.7 in 或 1 in 等。高端数码单反相机和无反相机可能会使用更大的 CMOS 尺寸，如全画幅（约 36 mm×24 mm）、APS-C（约 23.6 mm×15.6 mm）或其他画幅尺寸。

2. 分辨率

分辨率是指相机能够捕捉和记录图像的细节程度，通常以像素数量来衡量。在数码摄影中，分辨率通常指图像的宽度和高度上的像素数量，这两个数值相乘得到的就是总像素数。更高的分辨率意味着可以捕捉更多的细节。例如，一个分辨率为 1 920 像素×1 080 像素的相机，意味着它能够捕捉的图像宽度为 1 920 像素、高度为 1 080 像素，总像素数为 1 920 像素×1 080 像素＝2 073 600 像素（约 200 万像素）。更高的分辨率可以提供更清晰、更详细的图像，因为更多的像素可以捕捉到更多的图像信息。但高像素并不一定意味着更好的图像质量，因为图像质量还取决于像素大小、传感器尺寸以及其他因素。

总体来说，选择合适的相机分辨率应根据具体需求和设备性能来决定。在大多数情况下，相机提供的默认分辨率设置就已经足够满足大多数用户的日常拍摄需求。

3. 帧速率

帧速率是指图像传感器每秒钟捕获并处理图像的次数，通常以帧/s（fps）为单位。更高的帧速率适用于需要快速连续拍摄的应用，如高速摄影、运动分析或视频监控。这个参数在视频拍摄中尤为重要，因为它直接影响视频的流畅性和动态效果。

在电影和电视行业中，常见的帧速率包括 24 fps、25 fps 和 30 fps。24 fps 是电影的标准帧速率，它给人一种"电影感"的视觉效果。25 fps 和 30 fps 则常用于电视制作，特别是在 PAL 制式和 NTSC 制式下。

高于这些标准帧速率的帧速率，如 60 fps、120 fps，甚至更高，通常用于慢动作摄影或者需要更流畅运动表现的场景。高帧速率拍摄的视频在后期可以通过降低播放速度来实现慢动作效果。

高帧速率拍摄的视频文件通常会比低帧速率的大，因为它们包含更多的图像信息。这可能需要更大的存储空间，并且在后期编辑和处理时可能需要更强大的计算机性能。

总体来说，选择合适的相机帧速率是一个平衡画面效果、存储需求和设备性能的过程。根据具体拍摄需求和条件来调整帧速率，以获得最佳的视频效果。

任务实施

1. 不同光圈拍摄对比

（1）大光圈。在照明条件不佳的情况下，如阴天或光线不足的室内环境，使用大光圈拍摄，相机可以获得较大的进光量。

（2）小光圈。自然光或人造光源的光线充足时，使用小光圈拍摄，避免过度曝光，同时可以获得较深的景深。

以下分别采用大光圈和小光圈进行拍摄，实际效果如图2-1和图2-2所示。

照片参数：光圈f/2.8 快门1/250 s ISO100 焦距50 mm
摄影：葛江涛

图2-1 大光圈拍摄

照片参数：光圈f/11 快门1/125 s ISO100 焦距24 mm
摄影：葛江涛

图2-2 小光圈拍摄

2. 不同快门拍摄对比

对于静态的被拍摄主体，使用低速快门进行拍摄即可，可以在光圈较小的情况下，追求较深的景深效果，而画面亮度不受影响，依然曝光良好，如图2-3所示。

照片参数：光圈 f/11 快门 1/30 s ISO100 焦距 24 mm

摄影：葛江涛

图 2-3　小光圈＋低速快门拍摄

对于运动场景，如果要记录被拍摄主体的运动瞬间，要使用高速快门，如 1/4 000 s、1/2 000 s、1/1 000 s、1/500 s 等。如果要记录被拍摄主体的运动轨迹呈现拖尾的影像效果，如车流光轨，则要使用 3.0 s、6.0 s、12 s、30 s 等低速快门。需要注意的是，采用低速快门时，一定要使用相机三脚架等设备来稳定画面，不可手持拍摄，以免出现抖动、模糊，影响成片质量。

下面分别采用高速快门和低速快门进行运动场景的拍摄，实际效果如图 2-4 和图 2-5 所示。

照片参数：光圈 f/1.4 快门 1/2 000 s ISO100 焦距 50 mm

摄影：葛江涛

图 2-4　高速快门记录运动瞬间

照片参数：光圈 f/16 快门 1/30 s ISO100 焦距 35 mm

摄影：葛江涛

图 2-5　低速快门记录运动轨迹

3. 不同感光度（ISO）拍摄对比

如果拍摄环境的光线不足，首先通过调大光圈或调慢快门速度来提高画面曝光程度。如果希望画面保持较深的景深效果，光圈就不能调整得太大，以避免背景虚化现象。此时，可以通过降低快门速度来增加进入相机的光量，但一定要注意防止拍摄抖动，应使用三脚架来稳定画面。

如果拍摄运动场景的瞬间画面要用高速快门，即使调大光圈，仍无法满足曝光要求，则成像画面过于暗淡。此时，就需要提高感光度（ISO）来增加画面亮度，成像质量可能会受到影响，出现噪点。

下面分别采用高感光度（ISO）和低感光度（ISO）进行拍摄，实际效果如图 2-6 和图 2-7 所示。

照片参数：光圈 f/2.0 快门 1/125 s ISO6000 焦距 50 mm

摄影：葛江涛

图 2-6　高感光度（ISO）拍摄

照片参数：光圈 f/11 快门 1/250 s ISO200 焦距 50 mm

摄影：葛江涛

图 2-7 低感光度（ISO）拍摄

4. 不同色温拍摄对比

在一般情况下，相机会自动检测拍摄场景中光线的条件并调整色温，尽可能准确地还原色彩。当然，在摄影实践中，应根据不同的创作主题，在相机中设置相应的色温数值，从低色温的暖色调到高色温的冷色调，从而精确控制画面的色彩倾向。

以下分别选择不同色温进行拍摄，实际效果如图 2-8、图 2-9 和图 2-10 所示。

照片参数：光圈 f/5.6 快门 1/60 s ISO100 焦距 85 mm

摄影：葛江涛

图 2-8 色温 2 000 K 拍摄

项目二　航拍摄影摄像基础

照片参数：光圈 f/5.6 快门 1/125 s ISO100 焦距 35 mm
摄影：葛江涛

图 2-9　色温 5 000 K 拍摄

照片参数：光圈 f/5.6 快门 1/60 s ISO200 焦距 135 mm
摄影：葛江涛

图 2-10　色温 8 000 K 拍摄

5. 不同白平衡拍摄对比

理解和掌握白平衡是提升摄影技巧的关键之一，它可以帮助摄影师在各种光照条件下捕捉到准确且具有艺术感的色彩表现。

正确设置白平衡可以帮助摄影师确保图像色彩的真实性和一致性，尤其是在需要精确色彩再现的场合，如产品摄影、肖像摄影和风景摄影等。一般通过选择相机上的预设白平衡模式或者自动白平衡，可以满足拍摄要求。有时为了特定的拍摄需要，也会刻意调整白平衡参数，以创造出独特的艺术效果或氛围，比如通过增加暖色调来营造温馨、怀旧的气氛，或者通过冷色调来表达清新、宁静的感觉。

下面分别选择不同白平衡模式进行拍摄，实际效果如图2-11和图2-12所示。

照片参数：光圈f/8 快门1/125 s ISO100 焦距85 mm
摄影：葛江涛

图2-11　错误设置白平衡参数拍摄

照片参数：光圈f/4 快门1/60 s ISO100 焦距50 mm
摄影：葛江涛

图2-12　正确设置白平衡参数拍摄

6. 不同光位拍摄对比

正确理解并熟练掌握摄影光位是摄影艺术的重要技巧，可以帮助摄影师更好地掌控光线，根据创作意图和环境条件选择最佳的光线布置，提升摄影作品的质量和表现力，有助于增强在实际拍摄中的应变能力和创新能力。

当照相机位置、被拍摄主体位置和拍摄角度等因素不变时，分别采用顺光、前侧光、正侧光、逆光、后侧光、顶光和底光7种不同光位进行拍摄，实际效果分别如图2-13～2-19所示。

照片参数：光圈 f/1.4 快门 1/500 s ISO100 焦距 50mm

摄影：葛江涛

图 2-13　顺光拍摄

照片参数：光圈 f/1.4 快门 1/30 s ISO200 焦距 50 mm

摄影：葛江涛

图 2-14　前侧光拍摄

照片参数：光圈 f/1.4 快门 1/30 s ISO200 焦距 50 mm

摄影：葛江涛

图 2-15　正侧光拍摄

照片参数：光圈 f/5.6 快门 1/500 s ISO100 焦距 50 mm
摄影：葛江涛

图 2-16 逆光拍摄

照片参数：光圈 f/1.4 快门 1/30 s ISO200 焦距 50 mm
摄影：葛江涛

图 2-17 后侧光拍摄

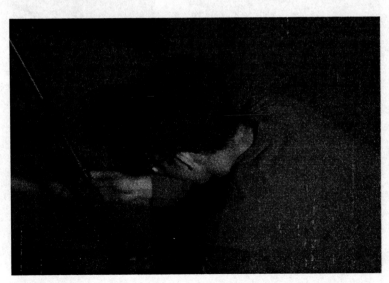

照片参数：光圈 f/1.4 快门 1/30 s ISO200 焦距 50 mm
摄影：葛江涛

图 2-18 顶光拍摄

项目二　航拍摄影摄像基础

照片参数：光圈 f/1.4 快门 1/30 s ISO200 焦距 50 mm

摄影：葛江涛

图 2-19　底光拍摄

7. 不同镜头焦距拍摄对比

不同的镜头有其独特的成像特点和规律，即使是同一被拍摄主体，拍摄距离相同，在不同镜头的记录下，所呈现出的拍摄画面也不尽相同。

（1）标准镜头。拍摄画面与人眼所观察到的实际景象非常相似，近大远小，透视关系自然，无畸变和被压缩感。

（2）短焦镜头。拍摄视角宽，取景范围广，景深较深，适宜拍摄大景别、大场面，尤其是在拍摄空间（距离）受限的情况下。随着焦距的不断减小，空间被拉伸，产生强烈的张力，画面中景物可能会有畸变现象。

（3）长焦镜头。拍摄视角窄，取景范围小，景深较浅，更容易突出被拍摄主体。随着焦距的不断增大，画面空间会有被压缩感，纵深感随之减小。长焦镜头具有远望功能，非常适宜记录距离较远而不便直接接近的被拍摄主体，如远处停留的鸟类、体育赛场的激烈运动场景等。

以下分别采用标准镜头、短焦镜头（广角镜头）和长焦镜头进行拍摄，实际效果如图 2-20、图 2-21 和图 2-22 所示。

照片参数：光圈 f/1.4 快门 1/125 s ISO100 焦距 50 mm
摄影：葛江涛

图 2-20　标准镜头拍摄

照片参数：光圈 f/16 快门 1/30 s ISO100 焦距 24 mm
摄影：葛江涛

图 2-21　短焦镜头拍摄

照片参数：光圈 f/2.8 快门 1/250 s ISO100 焦距 85 mm
摄影：葛江涛

图 2-22　长焦镜头拍摄

8. 相机传感器、分辨率和帧速率的选择

以索尼 A7M4 相机为例，传感器 CMOS 尺寸为 35 mm 全画幅，在相机机身上可以看到，如图 2-23 所示。

项目二　航拍摄影摄像基础

图 2-23　索尼 A7M4 相机传感器

传感器尺寸不同会影响镜头的焦距转换系数，较小的传感器需要更短的物理焦距就能达到相同的视角，因此在使用相同镜头时，小尺寸传感器的相机会有更大的焦距转换系数，导致实际拍摄的视角比标称焦距所示的要窄。

以索尼 A7M4 相机为例，可以在分辨率设置界面中选择所需的分辨率参数，如图 2-24 所示。

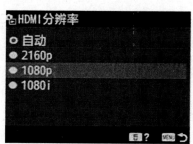

图 2-24　分辨率设置界面

选择分辨率时需要考虑以下因素：

（1）图像质量。高分辨率通常意味着更好的图像质量，特别是在打印大尺寸照片或进行大幅裁剪时。

（2）存储需求。高分辨率的照片占用的存储空间更大，如果存储空间有限，可能需要考虑降低分辨率。

（3）使用场景。如果是在网上分享照片或在小屏幕设备上查看照片，过高的分辨率可能没有必要，因为人眼无法分辨出高分辨率和适中分辨率之间的差异。

（4）设备性能。某些设备在处理高分辨率图像时可能会遇到性能问题，如存储速度慢、处理时间长等。

以索尼 A7M4 相机为例，可以在视频帧速率设置界面中选择所需的帧速率，如图 2-25 所示。

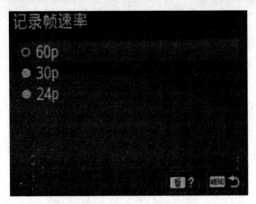

图 2-25　视频帧速率设置界面

通常可以从相机的视频设置菜单中找到帧速率选项。选择合适的帧速率取决于拍摄需求和最终的播放环境。

帧速率的选择应考虑最终视频的用途、观看设备及所需的视觉效果。例如，如果想在电影院放映或者想要获得电影般的视觉效果，可能会选择 24 fps；如果需要拍摄快速运动的场景或者希望视频看起来更加流畅，可能会选择更高的帧速率。

▶ 任务 2　拍摄角度、景别与构图方法

任务描述

本任务将学习和理解拍摄角度、景别和构图方法的基础理论，包括：不同类型的拍摄角度（如俯拍、仰拍、平拍、蚂蚁视角、上帝视角等）、景别（如远景、全景、中景、近景、特写等）以及构图方法（如居中、留白、对称、前景、三分法、三角形、引导线、对角线、框架构图等）的作用和效果。

按照所学理论知识，学生分别采用不同的拍摄角度、景别和构图方式进行实践拍摄。在反复实践和学习的过程中，学生不断尝试新的拍摄方法和创意，提高自己的摄影技能和审美眼光。同时，也可以分享自己的作品和经验，与其他人交流和学习，共同提升摄影水平。

任务学习

知识点 ❶　拍摄角度

拍摄角度是相机与被拍摄主体之间的相对位置和方向。不同的拍摄角度可以对画面的视觉效果、情感表达和叙述风格产生显著影响。以下是一些常见的拍摄角度。

（1）俯拍。相机位置高于被拍摄主体，从上往下拍摄。这种角度可以使被拍摄主

体显得较小、较弱或处于劣势,也可以展示被拍摄主体上部的环境或细节。

(2) 仰拍。相机位置低于被拍摄主体,从下往上拍摄。这种角度可以使被拍摄主体显得高大、强大或权威,也可以强调其重要性或突出天空背景。

(3) 平拍。相机镜头与被拍摄主体保持在同一水平线上,这是最自然、最常见的拍摄角度,能够真实地展现被拍摄物体的大小和比例。

(4) 斜拍。相机倾斜一定角度,使得画面中的垂直线不再平行于画面边缘。这种角度可以创造出不稳定、紧张、不安或神秘的氛围,常用于表现冲突、梦境或醉酒等场景。

(5) 第一人称视角。模拟被拍摄主体的视线,让观众仿佛身临其境。这种角度可以增强代入感和情绪共鸣,常用于表现特定的心理状态。

(6) 蚂蚁视角。蚂蚁视角也被称为微距视角或昆虫视角,是一种模拟小型生物(如蚂蚁)视野的拍摄手法。将相机放置在地面或者其他低位置,模仿蚂蚁等小型生物的视线高度。这会使背景中的大型物体显得更高大,同时强调前景中的小物体。蚂蚁视角的摄影不仅可以展示平常难以观察到的小世界,还可以引发观众对自然、生态和微观世界的思考与好奇。这种独特的视角常常被用于艺术创作、科学记录和教育宣传等领域。在实践中,需要注意光线、对焦和稳定性的控制,以确保拍出清晰、生动和富有创意的蚂蚁视角画面。

(7) 上帝视角。上帝视角也称鸟瞰视角或全景视角,是一种模拟从高空俯瞰整个场景的拍摄手法。这种视角通常通过无人机、直升机、热气球等高空设备进行拍摄,可以从数百米甚至数千米的高度捕捉到广阔的地面景象。这种技术常用于拍摄城市风光、自然景观、建筑群等大型主题。

上帝视角的摄影可以提供一种宏观和全面的观察方式,展现出平时难以看到的地形、布局和关系。这种视角常常被用于电影、纪录片、地图制作、城市规划和旅游宣传等领域。在实践中,需要注意天气、光线、飞行法规和隐私权等问题,以确保拍出合法、安全和高质量的上帝视角画面。

知识点❷ 景别

景别是根据被拍摄主体在画面中所占的比例大小来划分的画面类型。景别主要分为以下几种:

(1) 远景:以广阔的视角展示被拍摄主体与周围环境的关系。在远景中,被拍摄主体通常全部处于画面中,相对于整个画面来说,所占画面比例较小。远景主要用于展现环境的全貌或场景的规模,包括地理特征、建筑布局、自然风光等。这种景别能够提供丰富的空间信息和环境氛围,帮助观众理解故事发生的地点和背景。

(2) 全景:以相对较大的视角展示被拍摄主体的全部。在全景中,人物通常从头部到脚部都在画面中,而物体则从顶部到底部或边缘都被包括在内。全景可以展示人物与周围环境的空间关系,包括人物所处的位置、距离、方向等。通过全景,观众可以更好地理解人物在场景中的位置和角色，以及人物与环境之间的互动和影响。

（3）中景：以适中的视角展示人物膝盖以上或物体的部分细节，人物的身体部分和面部表情通常都能够清晰可见。中景是对话场景中最常用的景别之一，因为这种景别可以同时展示说话人和听者的人物形象与面部表情，有助于增强对话的真实感和动态感。通过调整镜头的角度和距离，可以创造出富有节奏和张力的对话场面。

（4）近景：以较近的视角展示人物胸部以上或物体的重要部分。在近景中，常用于强调人物的面部表情和眼神，通过捕捉细微的表情变化和眼神交流，传达人物的内心情感和思维活动。这种景别可以增强观众对人物心理状态的理解和共鸣。

（5）特写：以极近的视角展示人物肩部以上或物体的细微部分。在特写中，人物的面部表情、眼睛、嘴唇等细节以及物体的关键特征会被极度放大和突出。通过捕捉人物面部表情的微妙变化，如皱眉、微笑、流泪等，极度放大细节，使观众的注意力集中在特定的元素上，常用于强调人物的情绪变化或物体的质感。

不同的景别能够以不同的方式讲述故事，影响观众对故事情节、人物和主题的理解。通过精心选择景别，可以有效地传达故事的信息和情感，增强视觉叙事的力度和深度。

知识点❸ 构图

摄影构图是摄影艺术的重要组成部分，是指通过安排和组织画面中的元素，如主体、陪体、线条、空间等，以达到表现主题、增强视觉效果、引导观众视线的目的。以下是一些常见的摄影构图方法：

（1）居中构图。将被拍摄主体直接置于画面的中心位置，常用于强调主体的重要性，是最为常见的构图方法。

（2）留白构图。在画面中保留大量的空白区域，以突出主题、增强视觉效果和表达特定的情感或氛围，大面积的空白画面与被拍摄主体形成对比，可以产生强烈的视觉冲击力和艺术效果。或者为了营造宁静、孤独、神秘、广阔等不同的情感和氛围，增强照片的艺术感染力。

（3）对称构图。利用画面中的元素在水平或垂直方向的对称分布，创造出平衡、和谐、有序、稳定的视觉效果，可以通过水面、镜子、玻璃等反射面创造出对称的效果，增强画面的深度和立体感。在寻找对称元素时，要注意画面的整体平衡和比例，避免过于刻意或失衡的构图。对称构图容易产生单调和平淡的感觉，可以通过光线、色彩等因素增加画面的变化和层次感。

（4）前景构图。通过在被拍摄主体前方引入元素，为画面添加深度、层次，可以营造由近到远的空间感，使画面看起来更加立体和丰富，有助于构建故事性和动态性。根据选择的前景元素，可以营造出不同的氛围和情感效果。例如，模糊的前景可以创造出梦幻或神秘的感觉，而清晰的前景则可以强调现实和细节。前景的清晰度和虚化程度需要根据拍摄意图进行调整，可以通过调整焦距、光圈和对焦距离来控制。

（5）三分法构图。基于"黄金分割"或"黄金比例"的原则，将画面在水平和垂直方向各划分为3等份，形成一个"井"字形的网格，以便在取景时更好地布局画面元素。4个交叉点是三分法构图中的重要位置，通常被认为是画面中最佳位置。将主体或者重要的视觉元素放置在这些交叉点附近，可以增加画面的动态感和视觉吸引力。

（6）三角形构图。利用画面中的元素形成三角形结构，以增强照片的稳定感、动态感和视觉引导。在拍摄中，可以形成不同类型的三角形构图，包括正三角形、直角三角形、等边三角形、不规则三角形等。每种三角形都有其独特的视觉效果和情感表达。例如，正三角形构图由于其3个顶点均匀分布，给人一种稳定、平衡的感觉，常用于表现庄重、宁静或力量的主题；斜三角形或不规则三角形构图则具有更强的动态感和方向性，可以引导视线沿着三角形的边缘移动，增加画面的运动感和张力。三角形构图中的线条和形状可以作为视觉引导线，引导观众的注意力从一个元素流向另一个元素，强化画面的连贯性和故事性。

（7）引导线构图。通过在画面中设置线条或其他元素来引导观众的视线，从而突出主题、增强视觉效果和讲述故事。引导线可以是实际的线条，如道路、河流、桥梁、栏杆等，也可以是虚拟的线条，如人物视线、动作轨迹、光影效果等。这些线条将观众的视线从画面的一端引向另一端，最终聚焦于主体或重要的视觉元素。引导线可以创造出画面的深度感和空间感，使画面看起来更加立体和丰富。例如，一条从前景延伸到背景的道路或河流可以增加深度和层次。通过巧妙地安排引导线和其他元素的关系，可以创造出强烈的视觉冲击力和艺术效果。

（9）对角线构图。对角线构图中的线条通常是从画面的一角延伸到相对的另一角，形成一条对角线。这种构图方式打破了传统的垂直和水平布局，创造出更加生动和有趣的视觉效果。对角线构图具有很强的动态感和运动感，可以传达出速度、力量和方向性。这种构图方式特别适合于拍摄运动主题、动作场景或者具有强烈动感的物体。对角线构图既可以带来视觉上的平衡感，也可以创造出不稳定或紧张的感觉。这取决于对角线的方向、长度和与其他元素的关系。例如，在人像摄影中，可以利用人物的动作、姿态、肢体等构成对角线，增加画面的动感和情感表达。

（8）框架构图。通过在画面中设置一个或多个实际或虚拟的框架元素来包围、突出和引导观众的视线。实际框架是指画面中的物理结构或其他元素，如窗户、门框、树枝、拱门、洞口等，它们形成了一个实际的边框，将主体或重要的视觉元素包含在内。虚拟框架是指由光线、阴影、色彩、形状、线条等构成的无形边界，它们在视觉上形成一个框架效果，引导观众的视线并聚焦于主体。框架构图可以增强照片的故事性和叙事性，通过框架内外的对比和互动，传达出更多的信息和情感。

以上只是一些基本的摄影构图原则和技巧，实际上，构图是非常灵活和个性化的，需要根据具体的拍摄场景和主题来进行创新和尝试。

任务实施

1. 不同角度拍摄对比

选择合适的拍摄角度是摄影创作中重要的技巧之一，需要根据拍摄的主题、目的和气氛来灵活运用与创新。通过改变拍摄角度，引导观众的注意力，塑造空间感和深度，强化主题的表现力和感染力。

下面分别采用俯拍、仰拍、平拍、斜拍、第一人称视角、蚂蚁视角、上帝视角等不同角度进行拍摄，实际效果如图 2-26～2-32 所示。

照片参数：光圈 f/2.0 快门 1/2 000 s ISO100 焦距 24 mm
摄影：孙晓彤

图 2-26　俯拍角度

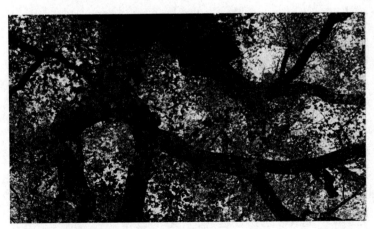

照片参数：光圈 f/11 快门 1/125 s ISO200 焦距 24 mm
摄影：葛江涛

图 2-27　仰拍角度

项目二 航拍摄影摄像基础

照片参数：光圈 f/2.0 快门 1/2000 s ISO100 焦距 24 mm

摄影：乔战宏

图 2-28 平拍角度

照片参数：光圈 f/4.0 快门 1/125 s ISO320 焦距 35 mm

摄影：葛江涛

图 2-29 斜拍角度

照片参数：光圈 f/4.0 快门 1/125 s ISO320 焦距 85 mm

摄影：葛江涛

图 2-30 第一人称视角

照片参数：光圈 f/2.8 快门 1/125 s ISO125 焦距 50 mm
摄影：葛江涛

图 2-31 蚂蚁视角

照片参数：光圈 f/2.0 快门 1/2000 s ISO100 焦距 24 mm
摄影：乔战宏

图 2-32 上帝视角

2. 不同景别拍摄对比

不同的景别可以产生不同的视觉效果和情绪表达，是摄影师和导演进行视觉叙事的重要手段。合理选择景别是摄影和电影制作中的关键决策之一，对于提升作品的艺术水平、叙事效果和观众体验具有重要价值。

不同的景别能够产生不同的情感和氛围效果。例如，全景可以展现广阔的空间和宏大的场景，营造出壮观和震撼的感觉；而特写则可以捕捉人物微妙的表情和动作，引发观众的情感共鸣和投入。

合理的景别选择可以帮助引导观众的注意力，突出重要的情节、人物或细节。通过对景别的巧妙切换和运用，可以控制观众的视线和感知，增强影片的吸引力和观看体验。

景别选择也关乎空间和比例关系的呈现。不同的景别可以展示环境和人物的不同尺度及相对位置，帮助观众更好地理解场景的布局以及人物与环境的互动。

通过变换景别，可以控制影片的节奏和动态感。快速切换景别可以创造出紧张和刺激的效果，而缓慢过渡则可以营造出宁静和沉思的氛围。

下面分别采用远景、全景、中景、近景、特写等不同景别进行拍摄，实际效果如图 2-33～2-37 所示。

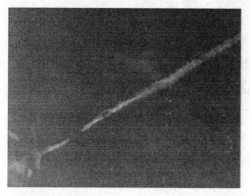

照片参数：光圈 f/2.0 快门 1/1 600 s ISO100 焦距 50 mm
摄影：乔战宏

照片参数：光圈 f/2.0 快门 1/125 s ISO200 焦距 24 mm
摄影：乔战宏

图 2-33 远景拍摄

图 2-34 全景拍摄

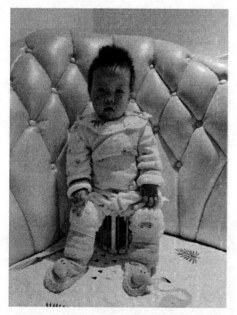

照片参数：光圈 f/2.0 快门 1/60 s ISO200 焦距 24 mm
摄影：乔战宏

照片参数：光圈 f/2.0 快门 1/30 s ISO200 焦距 24 mm
摄影：乔战宏

图 2-35 中景拍摄

图 2-36 近景拍摄

照片参数：光圈 f/1.4 快门 1/60 s ISO100 焦距 50 mm

摄影：葛江涛

图 2-37 特写拍摄

3. 不同构图拍摄对比

摄影构图是创造视觉美感的关键因素之一。通过对构图的研究和实践，摄影师能够更好地组织画面元素，创造出平衡、和谐、有趣、富有冲击力的图像。

不同的构图方式可以强调不同的主题和情绪，帮助摄影师更准确、更有力地表达其意图和观点。

研究构图不仅包括学习经典和传统的构图规则，也鼓励摄影师打破常规，探索新的构图方法和风格。这有助于摄影师发展个人视觉语言和艺术风格。通过持续地学习和实践，摄影师可以不断提升自己的构图能力，创作出更加出色和有影响力的摄影作品。

下面分别采用居中、留白、对称、前景、三分法、三角形、引导线、对角线、框架等不同的构图方法进行拍摄，实际效果如图 2-38～2-46 所示。

照片参数：光圈 f/1.4 快门 1/250 s ISO100 焦距 50 mm

摄影：乔战宏

图 2-38 居中构图

照片参数：光圈 f/2.0 快门 1/60 s ISO250 焦距 50 mm

摄影：乔战宏

图 2-39 留白构图

项目二　航拍摄影摄像基础

照片参数：光圈 f/4.0 快门 1/500 s ISO100
　　　　　焦距 24 mm
摄影：葛江涛

图 2-40　对称构图

照片参数：光圈 f/2.8 快门 1/60 s ISO100 焦距 85 mm
摄影：葛江涛

图 2-41　前景构图

照片参数：光圈 f/2.8 快门 1/60 s ISO160 焦距 24 mm
摄影：葛江涛

图 2-42　三分法构图

照片参数：光圈 f/2.0 快门 1/250 s ISO100 焦距 50 mm
摄影：乔战宏

图 2-43 三角形构图

照片参数：光圈 f/2.8 快门 1/250 s ISO100 焦距 85 mm
摄影：葛江涛

图 2-44 引导线构图

照片参数：光圈 f/2.0 快门 1/30 s ISO200 焦距 24 mm
摄影：乔战宏

图 2-45 对角线构图

项目二　航拍摄影摄像基础

照片参数：光圈 f/5.6 快门 1/125 s ISO100 焦距 50 mm
摄影：葛江涛

图 2-46　框架构图

▶ 任务 3　航拍摄像运镜技巧

任务描述

本任务将学习和掌握航拍摄像的基本运镜手法，以提升拍摄作品的质量和视觉效果，创造流畅、动态且具有故事性的航拍镜头，使其用于各种场景，如风景、建筑、活动记录等；能够根据拍摄主题和环境选择合适的运镜技巧，确保镜头的连贯性和艺术性；尝试将不同的运镜技巧组合起来，创造出更复杂、更具动态感的镜头。

任务学习

航拍运镜是指在使用无人机进行空中拍摄时，通过控制无人机的飞行路径、速度、高度和相机的角度来创造出各种动态及视觉效果。以下是航拍运镜的方法：

（1）直线前进。直线前进是一种基础且常见的拍摄技巧，主要用于展示前方的风景、建筑或者跟踪某个移动的主体。直线前进运镜适用于许多场景，如展示城市天际线、海岸线、公路、铁路等线性景观，也可以用于跟踪移动的主体。为了增加视觉效果和故事叙述性，可以在直线前进的过程中结合其他运镜技巧，如升高或降低飞行高度、调整相机角度、进行慢动作或延时摄影等。

（2）直线侧飞。直线侧飞是一种能够增强画面动感和空间感的拍摄技巧，常用于展现主体侧面的运动或环境的延伸感。直线侧飞运镜适合于各种场景，如拍摄车辆、运动员、建筑侧面等，也可以用于展示森林、河流、山脉等自然景观的侧向延伸。为了增加创意和艺术性，可以在侧飞过程中结合其他运镜技巧，如升高或降低飞行高度、进行旋转或倾斜拍摄、使用变焦等。如果环境中存在有趣的元素或景观，可以在侧飞过程中适时调整相机角度和无人机的高度，以便更好地展示这些元素。如果主体在移动，可以通过控制无人机的速度和方向来保持与主体的同步侧飞，营造身临其境的视觉效果。

（3）直线后退。直线后退是一种能够创造出独特视觉效果和叙事感的拍摄技巧，常用于揭示场景、展现空间深度或增强故事的悬念。例如，飞越建筑物后展现出的城市全景，或者后退至足够远的距离以展现整个事件的规模。此外，后退运镜也可以用于增强故事的悬念，通过逐渐远离主体来引发观众的好奇心和期待。直线后退运镜适用于多种场景，如城市风光、自然景观、建筑群、活动或事件的开场等。为了提升创意和艺术性，可以在后退过程中结合其他运镜技巧，如升高或降低飞行高度、进行旋转或倾斜拍摄、使用变焦等。同时，注意保持对飞行路径和周围环境的警惕，确保无人机安全飞行。

（4）垂直升降。垂直升降是一种能够创造出强烈视觉冲击和深度感的拍摄手法。垂直上升可以展示从细节到全景的过渡，例如，从地面持续上升到建筑物的顶部，逐渐展现建筑物的高大与雄壮，以及从顶部观察周围的环境。垂直下降则可以用于强调特定的细节或者创造一种"降临"效果，例如，从高空缓慢下降到建筑物的顶部或地面。垂直升降的速度和节奏可以根据拍摄的内容及想要表达的情感来调整。快速升降可以带来紧张或者兴奋的感觉，而慢速升降则可以营造出平静或者壮丽的氛围。在垂直升降过程中，可以让无人机环绕被拍摄主体进行顺时针或逆时针旋转，创造出螺旋上升或螺旋下降的效果。这种运镜方式可以增强画面的动感和视觉吸引力，但需要注意控制旋转的速度，以防止观众产生眩晕感。

（5）拉升后退。拉升后退是一种能够展现广阔场景和深度感的拍摄手法。在开始拍摄前，预先规划好无人机的飞行路径以及拉升后退的起点和终点，可以更好地控制镜头的运动和构图。在进行拉升后退运镜时，要确保无人机飞行平稳，精准控制无人机的速度和方向，以及云台的角度。

拉升后退的过程应该是平滑的、渐进的，避免突然加速或转向。可以先让无人机缓慢后退，然后逐渐升高飞行高度，这样可以创造出从近景到远景的过渡效果。如果画面中有特定的主体，如建筑物、人物或车辆，尽量保持其在画面中的位置相对稳定，可以通过调整无人机的高度和云台角度来实现。

在拉升后退的过程中，可以利用前景元素（如树木、岩石或人群）来增加画面的层次感和深度感。这些元素可以在画面中从大变小，增强视觉冲击力；考虑光线和天气条件对拉升后退运镜的影响，例如，利用清晨或黄昏的侧光可以创造出丰富的光影效果，而雾气或云层可以为画面增添神秘感；根据拍摄的主题和情绪调整拉升后退的速度与节奏。慢速和平稳的运镜适合表现宁静或壮丽的场景，而快速和动态的运镜则适合表现活力或紧张的氛围。

（6）环绕飞行。环绕飞行是一种能够展现被拍摄物体全方位视角和动态美感的拍摄手法。环绕飞行适合用于拍摄具有明显中心点或者形状的物体，如建筑物、树木、雕像或车辆。

在开始环绕飞行前，需要设定好无人机的高度、速度和环绕半径。这些参数应根据被拍摄物体的大小和环境条件进行调整。环绕飞行的关键是保持无人机的飞行轨迹稳定和匀速，需要精准地控制遥控器的打杆方向和力度。

虽然许多无人机有自动环绕飞行模式，但手动操控能够提供更大的灵活性和精确度，可以根据需要在手动和自动模式之间切换。在环绕飞行过程中，可以根据需要调整云台的角度，以保持被拍摄物体在画面中的位置和大小。

如果被拍摄主体正在移动（如行驶中的车辆或行走的人），飞手需要预测其运动轨迹并相应调整无人机的飞行路径和速度。通过改变环绕的高度和速度，可以创造出不同的视觉效果。例如，低空快速环绕可以带来强烈的动感，而高空慢速环绕则可以展现出更广阔的环境。根据光线的方向和强度，可以选择在被拍摄主体的不同侧进行环绕飞行，以捕捉到最佳的光影效果。

在后期编辑阶段，可以通过剪辑和调色进一步增强环绕飞行镜头的效果，如调整画面的速度、添加过渡效果或强化色彩对比。通过熟练运用和创新组合这些环绕飞行运镜技巧，可以使用无人机创造出引人入胜的动态镜头，为航拍作品增添视觉冲击力和艺术性。

（7）旋转扣拍。旋转扣拍是一种能够创造出动态和立体视觉效果的拍摄手法。扣拍是指无人机的云台向下倾斜，使得镜头朝向下方进行拍摄。这种拍摄方式可以强调地面的细节或展现从上到下的视角。

旋转扣拍则是将扣拍与无人机的旋转运动相结合。无人机在空中悬停并缓慢旋转的同时，云台保持向下倾斜的角度，使得画面中的地面元素以螺旋状呈现。旋转的速度是关键因素，过快的旋转可能会导致观众感到眩晕。一般来说，较慢且平滑的旋转更能产生舒适且引人入胜的视觉效果。在旋转扣拍过程中，确保画面中的主体或焦点始终保持清晰。通过调整无人机的高度和云台的俯仰角度，可以控制画面的深度和透视感。利用地面的自然元素或人造结构（如道路、河流、建筑物等）作为视觉引导线，可以帮助观众更好地跟随旋转的画面，并增强空间感。

在旋转扣拍的过程中，可以加入上升或下降的运动，创造出更加复杂和动态的视觉效果。例如，无人机在旋转的同时缓缓上升，可以展示出从细节到全景的过渡。根据拍摄环境和光线条件调整旋转扣拍的参数及角度。例如，在日落时分使用旋转扣拍可以捕捉到美丽的光影变化和暖色调。

通过巧妙地运用旋转扣拍运镜技巧，可以使用无人机创造出独特的视角和动感十足的镜头，为航拍作品增添艺术性和视觉冲击力。在实际拍摄过程中，根据具体场景和需求灵活调整运镜参数，以达到最佳的拍摄效果。

（8）渐进展现。渐进展现是一种能够逐步揭示场景、增强视觉冲击力和故事叙述性的拍摄手法。在开始拍摄前，预先规划好无人机的飞行路径和渐近展现的起点与终点，有助于更好地控制镜头的运动和构图。

渐近展现的基本原理是从远处逐渐接近目标物体或场景，可以先让无人机在较远的距离保持镜头垂直向下拍摄地面，然后缓慢向前飞行并逐渐将镜头抬高，直至镜头向前，逐渐接近被拍摄主体。

根据拍摄的主题和情绪调整无人机的飞行速度与推进节奏。慢速和平稳的运镜适合表现宁静或庄重的场景，而快速和动态的运镜则适合表现紧张或激动的氛围。在推进过程中，尽量保持被拍摄主体在画面中的位置相对稳定，有助于观众保持对主体的关注和理解。考虑光线和天气条件对渐近展现运镜的影响，例如，利用逆光可以创造出强烈的轮廓效果，而雾气或云层可以为画面增添神秘感。

任务实施

确保无人机电量充足，飞行环境安全，无干扰和其他飞行风险。设置无人机的飞行高度和速度。飞行高度应根据拍摄需求和环境条件来确定，速度应保持平稳以保证画面稳定。调整相机角度和焦距，确保主体清晰并位于画面中的理想位置。启动无人机并进行预飞检查，确保所有设备正常工作。

下面分别采用直线前进、直线侧飞、直线后退、垂直升降、拉升后退、环绕飞行、旋转扣拍、渐近展现等不同航拍运镜技巧进行拍摄，实际效果如图2-47～2-54所示。

航拍摄影：任展宗

图2-47　直线前进运镜

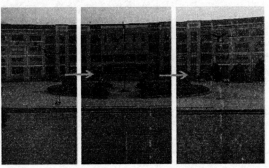

航拍摄影：任展宗

图2-48　直线侧飞运镜

项目二　航拍摄影摄像基础

航拍摄影：任展宗

图 2-49　直线后退运镜

航拍摄影：任展宗

图 2-50　垂直升降运镜

航拍摄影：任展宗

图 2-51　拉升后退运镜

航拍摄影：任展宗

图 2-52　环绕飞行运镜

无人机自转上升，航拍镜头垂直朝向地面进行拍摄。

航拍摄影：任展宗

图 2-53　旋转扣拍运镜

无人机水平向前飞行，航拍镜头从垂直朝向地面缓慢抬高，直至朝向正前方拍摄。

航拍摄影：任展宗

图 2-54　渐近展现运镜

课后习题

1. 对比和分析不同拍摄参数（光圈、快门、感光度、焦距、光位等）下的画面效果，评估哪种参数组合最适合特定的场景和主题。

2. 保持被拍摄主体不变，分别使用广角、中焦和长焦镜头进行拍摄，对比画面差异。

3. 选择不同的场景和主题进行拍摄，尝试使用不同的拍摄角度、景别和构图方法，观察和记录它们对拍摄画面的影响。

4. 根据所学的无人机航拍运镜技巧，拍摄自己的航拍作品。

项目三
航拍流程

项目描述

无人机航拍项目通常是指利用无人机搭载各种摄影、摄像设备,进行空中拍摄和监测的服务项目,属于无人机的行业应用范畴。无人机航拍项目包括:①影视制作与新闻报道:为电影、电视剧、广告、纪录片等提供了独特的视角和镜头语言,同时也被新闻媒体用作事件报道手段;②房地产与城市宣传:用于拍摄城市全景、商业地产项目、旅游景点宣传片等,展示地域特色和建筑风貌;③体育赛事直播与大型活动拍摄:能够从高空捕捉比赛或活动全貌,增强观赛体验。

项目规模:无人机数量、机型选择、配套设备配置(如传感器、摄像机)。

技术特点:飞行控制技术、图像传输技术、数据分析处理能力。

应用场景与目标:明确项目服务于哪些具体领域及其需求。

运营流程:从任务规划、飞行操作、数据采集到后期处理的一整套工作流程。

法规遵从性:确保项目符合当地航空法律法规、隐私保护等相关规定。

例如,在某个具体的无人机航拍项目中,可能会集成先进的传感器和高清摄像装置,设计一套高效、智能的解决方案,满足用户对特定区域进行全方位、多角度、高精度的实时或预定航拍需求。

项目准备

通过详细的准备工作,以确保航拍项目能够按照预定计划顺利实施。

1. 需求分析与项目沟通

明确航拍的目的,了解客户的具体需求,如拍摄内容、风格、分辨率要求

等。确定航拍的时间安排、地点选择以及预期的成果形式（如视频、图片、三维模型等）。

2. 场地勘察与飞行规划

对航拍区域进行实地考察，了解地形地貌、建筑分布、周边环境及禁飞限制等情况。根据客户需求和现场条件，设计合理的飞行路线，确定起飞和降落位置，规避潜在风险。

3. 设备准备与检查

选择合适的无人机型号，搭配适合的相机或传感器。全面检查无人机机体、电池、遥控器、云台相机等设备的状态，确保其性能良好且电量充足。安装并测试相关配件，如存储卡、备用电池、避障系统等。

4. 法律法规遵循与审批申请

依据当地法律法规，查询并遵守航空管制规定，按照规定申请空域使用许可。如在特定区域（如机场附近、重要设施上空等）进行航拍，可能需要额外的审批手续。

5. 天气监测与计划调整

关注拍摄当天的天气预报，确保气象条件适合航拍，若有风速、能见度等要求，则需符合飞行标准。若遇到不利天气，应及时调整拍摄计划。

6. 安全措施与制定应急预案

设定安全操作规程，划定安全警戒范围，防止人员和财产受到伤害。制定针对设备故障、信号丢失、紧急降落等突发情况的应急预案。

▶ 任务1　航拍项目洽谈

任务描述

通过详细的任务描述，能够清晰地了解整个航拍项目的实施过程、预期成果以及可能涉及的成本与风险，从而为成功洽谈奠定基础。

明确航拍服务所要达成的具体商业或技术目标，指定需要航拍的区域范围、地标建筑或其他特定场景，提供详细的拍摄内容需求，包括但不限于全景照片、特定角度镜头、三维建模数据、实时视频传输等，明确分辨率、画质、色彩标准和后期处理要求。

讨论并确定具体的航拍日期、时间段以及持续时间。制定详尽的飞行航线规划，包括起飞点、降落点、路径及高度等参数设定。考虑天气变化、日出日落光线效果等因素对拍摄质量的影响。

根据拍摄任务的特点选择合适的无人机型号及搭载的相机设备，明确航拍系统的稳定性、安全性以及影像传输能力等性能指标。针对特殊需求（如夜间拍摄、红外线成像、多光谱分析等）提出相应的解决方案和技术支持。

列出项目执行所需的各项成本，如无人机使用费、人工操作费、后期制作费、保险费等。给出完整的报价单，并解释各项费用产生的原因和计算方式。

明确航拍项目的最终成果形式和数量，如高清图片若干张、视频一段或多段、数据报告等。设定合理的成果提交时间表和验收标准，确保双方对项目成果的质量达成共识。

任务学习

洽谈无人机航拍项目时，涉及的环节非常详细，通过详细且严谨的洽谈流程，可以确保无人机航拍项目的顺利实施，同时也能够为客户创造最大的价值。

1. 需求调研

与客户建立联系，了解其行业背景和具体业务需求。例如，需要航拍的目的（影视制作或项目宣传等）、时间要求、项目特点、预期成果形式（图片、视频、数据报告等）。根据客户需求，讨论可能涉及的具体场景、飞行高度、分辨率要求、后期制作标准等。

2. 考察评估

安排现场勘察，详细了解作业环境，如地理地貌、气候条件、电磁环境、潜在障碍物及禁飞限制等因素。根据现场情况，初步评估项目的技术难度、所需设备、工作周期、风险因素，并将这些信息反馈给客户。

3. 技术方案设计与报价

根据客户需求及现场评估结果，设计无人机航拍实施方案，明确使用机型、传感器配置、航线规划、数据处理方式等内容。

制订详细的服务报价单，包括无人机使用费、人工成本、数据处理费、后期制作费以及其他可能产生的附加费用（如保险费用等）。

4. 商务洽谈与协议签订

向客户详细介绍技术方案和服务报价，解答客户的疑问，就服务内容、交付标准、付款方式、违约责任等条款进行磋商。在达成一致意见后，草拟并签署正式的合作协议或合同，确保双方权益得到保障。

5. 项目启动与执行监控

按照合同约定启动项目，组织专业团队按照既定计划进行无人机航拍作业。在项目执行过程中，应保持与客户的密切沟通，及时汇报项目进度，根据实际情况灵活调整方案。对拍摄的数据进行质量控制，确保符合预设标准，同时做好数据备份与安全保密工作。

6. 成果提交与验收

完成所有航拍任务后，对获取的原始数据进行整理和处理，制作成符合客户要求的成品（如航拍影像、数据分析报告等）。提交最终成果供客户验收，针对客户反馈进行必要的修改和完善。

7. 售后服务与项目总结

针对客户在使用过程中可能出现的问题提供技术支持和答疑解惑，保证服务质量。项目结束后进行总结回顾，提炼经验教训，为未来类似项目的执行提供参考。

任务实施

通过以下步骤，完成航拍项目的洽谈与实施工作，确保在满足客户需求的同时保证项目顺利完成。

1. 前期准备

（1）确认客户需求。与客户进行深入沟通，了解航拍项目的具体需求，包括拍摄目的、内容、范围、时间要求、预期成果形式（图片、视频、数据报告等）。

（2）场地勘察。根据客户需求对拍摄地点进行实地考察，分析地理环境、气候条件、飞行限制等因素，并评估项目的可行性。

（3）设备与人员配置。依据项目需求选择合适的无人机设备及搭载的相机或其他传感器，同时安排具备资质的操作员和后期制作团队。

2. 方案设计与报价

（1）制定技术方案。结合场地情况设计合理的航拍路线、飞行高度、速度、角度等参数，并考虑可能使用的特殊摄影技术或后期处理方式。

（2）提供预算方案。计算无人机使用费、人工成本、后期制作费、保险费用及其他可能产生的额外开支，形成详细的报价单提交给客户。

3. 洽谈与合同签订

（1）商务谈判。与客户就项目细节、服务标准、交付周期、付款方式等内容进行讨论并达成一致意见。

（2）合同签订。撰写包含所有重要条款的项目合作协议，如保密协议、知识产权归属、违约责任等，并经双方签字确认生效。

4. 项目审批与申请

（1）法规遵从。确保项目符合国家或地区关于无人机飞行的各项法规要求，如有必要，应办理空域使用许可等相关手续。

5. 现场执行与监控

（1）执行航拍任务。按照既定计划进行无人机飞行操作，实时监控设备状态、影像传输质量以及飞行安全，记录飞行日志和拍摄数据。

（2）应急处理。针对突发状况制定应急预案，一旦发生问题，能够迅速调整方案或采取应对措施。

6. 后期制作与成果交付

（1）数据处理与编辑。将收集到的原始航拍资料进行整理加工，如图像剪辑、色彩校正、三维建模等。

（2）成果提交与验收。将最终航拍成果按约定格式提交给客户，并配合客户进行成果验收，根据反馈意见进行必要的修改和完善。

▶ 任务2　航拍设备运输与邮寄

任务描述

航拍设备的运输与邮寄是一个细致的过程，需要严格按照相关规定操作，确保设备在整个物流运输过程中得到充分保护，并顺利完成从发货地到目的地的全程运输。

1. 设备清单

制订详细的航拍设备清单，包括无人机主体、遥控器、电池、相机、云台、备用配件、充电器、线缆以及其他相关工具。

2. 运输安全

使用含有缓震材料（如泡沫塑料或定制内衬）的专用运输箱，对无人机及其组件进行妥善包裹，确保设备在运输过程中不会受到冲击或震动而损坏。

对于含有锂电池的部件，根据航空或陆运规定使用单独绝缘包装，并标明锂电池标识及规格信息。核实并遵循国内外关于无人机设备及其锂电池运输的相关法律法规。例如，民航局对于锂电池携带和托运的规定，以及国际快递公司对于危险品运输的标准。若需空运，应确认是否需要专业的测试报告以证明电池的安全性。

3. 单据填写

填写正确的收件人和寄件人信息，清晰注明内含物品为航拍设备及锂电池。如果涉及出口，应正确申报产品型号、价值、用途等必要信息，确保符合海关要求。

4. 保险购买

考虑到航拍设备的价值较高且易损，可选择购买相应的运输保险，以防设备在运输过程中出现意外损失。

5. 交接与跟踪

在将设备交付给物流公司时，应当面核实包装完好无损，并拍照留证。确认物流公司提供的物流追踪服务，以便实时监控设备的运输状态。提前告知收件方预计到达时间，提醒其做好接收准备，并了解当地是否有特殊接收规定。指导收件方在收到设备后应立即检查包装的完整性，并按照操作手册正确组装和检查设备的功能。

任务学习

一般来说，航拍设备属于高级精密仪器，设备价值较高，运输与邮寄需要细心规划和准备，确保设备的安全抵达和合规操作。在邮寄过程中遇到任何问题，应及时与运输公司、海关或相关机构沟通解决。

1. 包装

使用坚固且适合大小的包装箱，确保设备在运输过程中得到充分保护。在包装箱内使用泡沫、气垫或者专用的设备包装材料填充空隙，防止设备在箱内晃动。对于无人机和遥控器等重要部件，建议分别包装，减少它们相互之间的碰撞。

2. 标识与标签

在包装箱上清晰标注"易碎""小心轻放""此面向上"等警示语。提供详细的收件人和寄件人信息，包括姓名、地址、电话和电子邮件等。如果可能，添加"航拍设备"或"无人机"等特殊标识，让快递人员清楚货物的性质。

3. 电池处理

根据航空和邮寄规定，锂电池通常需要单独包装，并做好防短路措施。将电池放入防火、防静电的专用电池袋中，并固定在设备旁边或单独的小包装盒内。确保电池电量不超过规定的运输限制。

4. 文档准备

准备相关的出口或进口文件，如商业发票、装箱单、报关单等。如果设备含有锂电池，可能需要提供测试报告和其他特定国家的电池认证。根据目的地国家的规定，可能需要申请进出口许可证或特殊清关文件。

5. 运输选择

根据设备的价值、质量和体积，选择合适的运输方式，如陆运、海运、空运或快递。考虑运输时间、成本和安全因素，选择信誉良好的运输公司或快递服务。对于无人机、相机和镜头等高价值精密设备，考虑购买运输保险以抵抗损失风险。

6. 托运注意事项

如果通过航空公司托运，提前了解并遵守航空公司的相关规定，特别是关于锂电池和电子设备的运输要求。如果遥控器内含锂电池而无法托运，可以尝试按照说明书的操作规范取出遥控器随身携带,但需确保符合航空公司对随身携带锂电池的规定。

7. 清关与关税

根据目的地国家的海关规定,提前了解并准备好所需的清关文件和流程,以便设备顺利通关。

8. 跟踪与接收

在设备寄出后,保留运单号并定期跟踪运输状态。在接收设备时,仔细检查包装是否完好,设备是否受损。

9. 其他注意事项

遵守目的地国家对于无人机使用的法规和许可要求。如果设备需要组装或调试,确保在目的地有合适的技术支持。

任务实施

1. 设备包装

使用专用泡沫包装盒(图 3-1 和图 3-2)或定制航空箱对无人机、遥控器、相机、电池、充电器等部件进行安全包装,确保其在运输过程中不受损坏。对于易损部分如镜头、螺旋桨等,单独封装并做好缓冲防护,附上所有物品清单(图 3-3),避免遗漏。

图 3-1 无人机设备专用包装盒(外观)　　图 3-2 无人机设备专用包装盒(内部)

图 3-3 运输清单

2. 合规检查

确认电池符合运输规定，锂电池需满足民航局等相关机构的安全运输标准，如不超过规定容量、妥善绝缘包裹等。某些高规格的专业无人机可能需要特定的运输许可或文件，应提前了解并准备齐全。

3. 运输方式

根据设备价值和紧急程度选择合适的运输方式，如空运、陆运或快递服务。若设备价值较高或体积较大，可考虑选择有保险保障且服务稳定的物流公司。

4. 填写单据

清晰准确地填写收件人和寄件人信息，注明内含物品为航拍设备，标明型号和数量。如有必要，提供相关证明材料以确保顺利通关（进口国可能要求提供报关资料）。

5. 特殊标注及注意事项

在包装箱外部显著位置标注"小心轻放""贵重物品""易碎品"等提示标签。提醒运输人员注意设备的特殊性，尽量保持平稳运输，避免剧烈震动。

6. 物流跟踪

寄出后及时关注设备的运输状态，如有异常情况，应迅速联系物流公司解决。接收方收到设备时能当面开箱验货，确认设备完好无损。

7. 签收确认

收件方收到设备后应立即检查包装的完整性以及内部设备的状态，如有破损，应当场拍照留存证据，并尽快通知寄件方和物流公司。验收无误后，签署收货确认文件。

▶ 任务3　航拍执行与收尾

1. 项目执行阶段

准备无人机和场地，按计划飞行并收集航拍数据。

2. 项目收尾阶段

数据处理成最终作品（如照片、视频或报告），提交成果给客户，根据反馈调整后完成验收。总结经验，归档资料，并提供必要的售后支持。

项目三　航拍流程

任务学习

无人机航拍项目的执行与收尾阶段涉及多个具体的步骤和环节，通过严格细致的项目执行与收尾工作，可以确保航拍项目能够顺利进行并达到预期目标，实现客户满意度最大化。

1. 任务准备

（1）检查所有设备。无人机机体、电池、遥控器、相机及各类传感器是否完好无损，电量充足。对无人机进行预飞检查，包括指南针校准、动力系统测试、通信链路验证等。

（2）根据预先规划的航线图加载至地面站软件或无人机系统中，并确认飞行参数设置正确。准备好备用配件、工具包以及必要的安全设备（如警示标志、头盔等）。

2. 现场布置

到达指定地点，选择开阔且平坦的安全起飞和降落区域，避开障碍物和人群。设置警戒线，确保无人机在飞行过程中不会对人员和财产造成潜在威胁。

3. 飞行作业

在满足气象条件和法规要求的前提下，启动无人机进行飞行作业。无人机飞行驾驶员需实时监控无人机状态，根据实际情况调整飞行高度、速度和角度，确保拍摄质量。地面团队配合记录飞行数据、拍摄时间点和拍摄内容信息。

4. 数据采集与传输

实时接收无人机回传的图像、视频和其他监测数据，如有必要，可在飞行过程中调整拍摄策略。确保数据完整、连续地保存在内存卡或其他存储设备上，同时备份重要数据。

5. 应急处理

针对可能出现的设备故障、信号丢失、电量不足等问题制定应急预案，并在出现状况时迅速响应。如遇到恶劣天气变化或其他不可抗力因素，应立即采取措施保护设备安全，并视情况暂停或推迟飞行作业。

6. 数据整理

将收集到的所有原始数据进行分类整理，按照时间顺序或地理位置排列。进行初步的数据分析，筛选出符合要求的照片、视频素材。

7. 后期制作与成果输出

根据客户需求，利用专业图像处理软件对照片和视频进行剪辑、调色、拼接等工作，生成高质量的影像作品。对于测绘、监测类项目，将收集的数据进一步加工成地形模型、三维地图、数据分析报告等形式。

8. 交付与验收

将最终成果提交给客户，详细介绍制作过程、技术参数、成果特点等内容，解答客户疑问。客户对成果进行验收，针对反馈意见进行修改和完善，直至客户满意并正式签署验收文件。

9. 项目总结与归档

对整个无人机航拍项目进行回顾总结，记录项目执行过程中的亮点与经验教训，为今后类似项目提供参考。整理项目文档资料，包括合同协议、工作计划、飞行记录、数据资料、验收报告等，妥善归档保管。

10. 售后服务

提供一定期限内的售后服务和技术支持，如协助客户解决使用过程中遇到的问题，对成果进行维护、更新等。

任务实施

1. 航拍项目执行任务

（1）设备检查与场地准备。确保无人机、相机等设备正常运行，选择安全合适的起飞点和降落点。

（2）按规划飞行拍摄。依据预先设定的航线进行无人机操控，实时监控并采集航拍数据。

2. 航拍项目收尾任务

（1）数据整理与处理。将收集的原始影像资料进行整理，并运用专业软件进行编辑制作，形成最终的航拍作品。

（2）成果提交与确认。向客户交付完成的作品，根据客户反馈调整优化，直至达成验收标准。

（3）项目总结存档。回顾整个项目过程，总结经验教训，归档相关文件及成果资料。

（4）售后服务。提供必要的后期支持和服务，解答客户在使用航拍成果时可能遇到的问题。

课后习题

1. 简述无人机航拍项目洽谈的主要流程。
2. 请列出在邮寄或运输无人机及其相关设备时，需要注意的几个关键要点。
3. 设计一份完整的无人机航拍作业安全检查表，包含起飞前、飞行中和降落后的关键检查项目。
4. 描述在无人机航拍项目实施过程中，从现场勘察、航线规划到实际飞行操作的主要步骤。

项目四
纪录片类航拍

项目描述

　　航拍作为一种重要的镜头表达形式之一，具有"熟悉景象陌生化"和将"平淡景观奇观化"的审美效果。随着智能无人机及航拍设备技术的不断完善，航拍不再受到大型有人航拍飞机飞行时的各种限制，而且在镜头表现手法和飞行操作技巧两个方面均得到显著提升。通过航拍无人机与相机云台的组合，可以轻松实现前进拉升低头、上升旋转、横移拉升后退等复杂的空中运镜，空中视角带来的视点具象化转移，为受众提供了新的感知和审视世界的方式。

　　在纪录片的创作过程中，合理恰当地使用航拍镜头，可以准确、全面地还原所记录的事项，展示纪录片的独特价值。近年来，航拍镜头已经成为纪录片类影视画面中的常客，从观众熟知的优秀纪录片《航拍中国》《鸟瞰中国》《飞越山西》《飞越齐鲁》《遇见最极致的中国》等，到网络自媒体平台上由个人发布的旅拍、记录生活类的视频，航拍镜头出色地表达出了大气磅礴的山川密林、雄浑壮阔的峰谷湖海、万家灯火的现代都市，把观众瞬间拉入创作者的内心境界，达到观众与影片共情的效果。

　　本项目将围绕纪录片类航拍这一主题，让读者掌握纪录片类航拍从筹划到拍摄的整体流程。任务一将介绍常用的几种镜头语言，它们是完成纪录片类航拍的基本能力；任务二将介绍纪录片类航拍的流程；任务三将介绍脚本与分镜的制作，帮助读者建立带着剪辑思维去拍摄素材的习惯；任务四将介绍不同条件下的航拍训练方法，帮助读者通过训练快速适应实战状态。

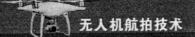

项目准备

拍摄纪录片的前期准备是一个复杂而烦琐的过程,需要全面考虑和准备。只有这样,才能够确保纪录片的拍摄顺利进行,最终制作出兼具精美的构图与画质和思想深度与人文情怀的高质量的作品。

1. 了解调研航拍对象

在拍摄纪录片前,要先对拍摄对象进行详细了解,深入理解拍摄需求、背景文化、历史人文等相关内容,通过这些内容的了解分析后,才能对项目整体有清晰的拍摄思路。

2. 撰写航拍提纲和脚本

纪录片拍摄之前,需要根据纪录片的制作需求、制作内容等进行数据分析及解读后,撰写航拍拍摄提纲和航拍拍摄脚本,这样才能够确保的纪录片拍摄进度可控。

3. 团队的组织和协调

纪录片航拍的拍摄前期准备还需要考虑拍摄团队的组织和协调。拍摄团队包括摄影师、导演、录音师、剪辑师等,每个人都有自己的职责和任务。拍摄前,需要明确每个人的职责和工作内容,确保拍摄过程能够有序、高效地进行。

4. 航拍设备检查

在纪录片拍摄的前期准备中,拍摄设备的准备也是至关重要的。根据纪录片的内容和拍摄环境,需要准备相应的无人机、充换电设备、镜头与滤镜、灯光、录音设备、内存卡等。此外,设备的检查和维护也是必不可少的,以确保在拍摄过程中设备能够正常运行,避免因为设备问题而影响拍摄进度和效果。

5. 拍摄场地勘察

除此之外,还需要对拍摄场地进行实地勘察和了解。了解场地的环境、光线、背景等情况,以便在拍摄时能够做出合适的调整和选择。同时,还需要与场地负责人进行沟通,确保拍摄过程中能够得到场地的配合和支持。

▶ 任务1 镜头语言

任务描述

镜头语言指的是影片中使用的视觉元素来传达情感和剧情的技巧,也就是说,抛除字幕、音乐、特效等其他元素仍旧只使用镜头画面,就能从视觉上向观众来传达故事和情绪,简单来说就是用镜头当作语言去讲故事。航拍作为镜头语言中的一部分,它所带来的美学特质包括叙事性、戏剧性，以及长镜头形势下带来的完整性和对主题的深化。叙事性要素作为航拍镜头中最为基础的一种美学特质，它能够以一种全知式的视角搭建起完整的叙事结构，通过画面的内容向观众呈现故事的方式。在航拍镜头之中，导演通过对叙事主体的选择以及对场面调度的安排来达到戏剧性的效果，这种戏剧性的效果往往通过镜头调度的运用从而达到意想不到的戏剧性效果，并且能够在某种程度上深化影片的主题，渲染影片的情感，形成影片的独特风格。

航拍镜头越来越多地被用在了纪录片中，尤其是自然风光类纪录片中，因为航拍的特点与优势与自然风光类纪录片的内容有着天然契合。在自然风光类纪录片中使用航拍可以让各种视觉元素传达情感和剧情，成为提高叙事效果的强大工具，此时的航拍不只是一种技术手段的应用，更是一种艺术化的处理方式。航拍在纪录片中的主要特点有：一是自然风景类纪录片以自然界中的山、湖、海等自然风光为主要拍摄对象，它的视觉语言的表现方式也就有了独特性，具体表现在构图、景别、光线、色彩等方面；二是航拍以较高的拍摄角度、取景高度，焦距较短的大视角能够很好地真实记录这些较大的场景，并且能够在一定程度上美化被摄主体。我国当代自然类纪录片正是在充分认识这一点的基础上进行创作，以达到高的审美价值，让人们有种美不胜收的感觉。

本任务将以典型的纪录片类航拍镜头语言为例，结合实例详细讲解如何根据不同的剧情需要和情感表达，使用不同的镜头语言创造不同的视觉效果。

任务学习

知识点❶ 景别的运用

景别是指由于摄影机与被摄体的距离不同，而造成被摄主体在摄影机寻像器中所呈现出的范围大小的区别。景别被划分为远景、全景、中景、近景与特写。我们可以将远景、全景这样的景别划分为大景别（图4-1），近景与特写划分为小景别（图4-2）。远景、全景这样的大景别摄影机与被摄主体存在较远的距离，所在画面中这类景别包含的被摄主体较为全面，所以在场面调度中这样的景别更多地被用于以拍摄环境为主；而近景、特写这类小景别因为被摄主体与摄影机之间的距离较近，所以被摄主体以一个较大的比例呈现在画面之中，这类景别更多地被用于拍摄以人物细节为主。

高空航拍的大景别影视视角比较独特，气势宏大，视觉冲击强烈，镜头的运动较为流畅自由。纪录片的内容可以依靠航拍镜头的宏观展现，追求高空俯瞰的宏大视角。低空航拍的小景别视角的出现可以避免过多的宏大视角造成的审美疲劳，让观众在体验到"一览众山小"的过程中回归地面，领略独特的文化之美。因此，只有将航拍的宏大场面和近距离的航拍拍摄相结合，才能够全方位、多角度地向观众传达纪录片的主旨，同时通过这种艺术表现形式，极大地发挥航拍在时间和空间上的运动优势，保持观众对观看纪录片的好奇和热情。

例如，在纪录片《鸟瞰中国》的拍摄过程中，编导将高空航拍和近距离航拍相结合。例如开头介绍众所周知的傣族泼水节，在介绍泼水节的过程中，通过大景别航拍的宏大视角让观众更容易感受到这场世界上规模最大的泼水节的壮观氛围，同时，又加入了近距离的小景别的特写镜头，让观众一眼便目睹到在泼水节中欢乐庆祝的人们内心的喜悦之情，使观众更加深入了解泼水节的历史含义；领会民族文化之间的不同，加强各民族之间的了解。正是通过这种航拍视角和地面细节的结合增添了这部纪录片的可看性和趣味性，升华了主题，表现了中国独特的历史文化。

图 4-1　航拍中的大景别展现周边环境
摄影：李俊杰

图 4-2　航拍中的小景别展现九龙壁的细节
摄影：李俊杰

需要注意的是，通过宏大视角和地面细节相结合，才能将纪录片所要传达的内容表现得淋漓尽致。如果航拍纪录片全部采用高空拍摄画面展现内容，无须考虑地面的细节拍摄，不完整的拍摄调度就会影响影片的节奏，大量的大景别会使影片节奏较慢，画面较为单一，影片的叙事节奏较为拖沓、平淡，无法达到创作者的目的。将航拍技术运用到纪录片中，在充分发挥航拍技术的宏观视角与空间运动优势的同时，更要注重地面细节的呈现与事物的完整性表达，避免观众只是对航拍技术手法感到新奇，而忽略了电视作品的内涵。只有航拍宏观视角与地面细节充分结合，才能最大限度地表达作品的艺术内涵和精神内核，让观众既能感悟航拍的高空魅力，也避免使作品疏离观众，让作品"接地气"，成为一部人们所喜爱的艺术作品。

任务实施

城市公园是城市生活中不可或缺的一部分，随着城市化的推进，人们对绿色空间的需求也随之增加。城市公园是人们休息、锻炼、娱乐的好场所，同时也是城市精神文明建设的一部分，展现了城市文化特色以及人文关怀的坐标。

请以《公园的早晨》为主题，利用航拍设备拍摄一组短片，短片中应包含远景、中景与近景，利用不同景别的镜头语言，达到丰富画面的目的。《公园早晨》脚本见表4-1。

表 4-1 《公园的早晨》脚本

镜号	景别	画面内容	镜头长度/s
1	全景	高空拍摄公园的全貌	4
2	中景	拍摄公园中的标牌、标志性建筑、典型地标1~2个	4
3	中景	拍摄活动的人群	3
4	近景	清晨公园中活动的人特写2~3个	4

知识点 ❷ 长镜头与空镜头

1. 长镜头

长镜头即航拍中所谓的"一镜到底"（见图4-3），它的命名主要是相对于短镜头来对称的，是指在一个相对长的时间里，连续拍摄某个场景或者某场戏，呈现一组没有中断的相对完整的镜头段落。

图 4-3 长镜头拍摄
摄影：李俊杰

航拍长镜头具有真实性,纪录片中最为重要的一个特点就是真实性。在自然景观类纪录片中,镜头替代受众的眼睛去观察自然界中各种动植物时,时间与画面的一致性且不间断性缩小了影片与真实世界中自然景观的差距,减弱了后期电脑剪辑的痕迹,让纪录片更为贴近自然,更为真实。纪录片不同于电影,纪录片对于剧本的需求程度不高且叙述的故事较为简单,更多的是通过简单的叙事表达某一个发人深省的主体。在自然景观类纪录片中,通过记录自然景观来表现景观背后的人文历史,同时呼吁人们对于自然界的关注,长镜头连续不断的特性与航拍独特的视角留给观众极大的思想空间,使得画面既具有形式美感又极具深意。长镜头的运用也增加了观众的参与感,像是观众亲身参与一样,丰富了纪录片的功能。

在《航拍中国》的第二季中运用了不少长镜头。福建篇中介绍三坊七巷时,用到了一段长达 54 s 的无人机一镜到底画面。镜头跟随着游人的脚步一起穿过巷弄,再缓缓跃升至空中,让画面从低处窄的视角随着高度增加变得更加开阔,最后呈现天地一体的画面,带领观众俯瞰整条古老却充满活力的街巷。"一镜到底"的重点在于使环境和拍摄主体配合得当,镜头调度自然流畅。从人在景中到云端相望,每一帧目之所及的行云流水,都是为了带领观众身临其境,拥抱美好。

2. 空镜头

空镜头画面中只有景和物而没有人物的镜头,又称"景物镜头"。常用以介绍环境背景、交代时间空间、抒发人物情绪、推进故事情节、表达作者态度,具有说明、暗示、象征、隐喻等功能,在影片中能够产生借物寓情、见景生情、情景交融、渲染意境、烘托气氛、引起联想等艺术效果,在银幕的时空转换和调节影片节奏方面也具有独特作用。空镜头有写景与写物之分,前者又称风景镜头,往往用全景或远景表现;后者又称"细节描写",一般采用近景或特写。空镜头的运用,不只是单纯描写景物,而是影片创作者将抒情手法与叙事手法相结合,这种表现手法是加强影片艺术表现力的重要手段。湖中小桥的空镜头如图 4-4 所示。

图 4-4 湖中小桥的空镜头
摄影:李俊杰

在纪录片《城市 24 小时 郑州篇》中,当介绍郑州的古都历史时,镜头展现了一段只有商城遗址的航拍而没有人物的镜头,属于写景的远景空镜头,这段镜头既向观众展示了商城遗址的全貌，又为后续介绍古都中人们的生活情节起到了推动作用。

在纪录片《英吉利海峡：世界上最繁忙的水道》中第一集开始部分，影片站在历史学家的"上帝视角"对英吉利海峡的历史背景以及现如今它对英国的重要性进行了宏观介绍，配合英吉利海峡上航道的空镜头，引出了纪录片的核心——忙碌的英吉利海峡是如何运转的，为后面的故事做了很好的铺垫，故事化的场景能够很好地吸引观众。

任务实施

请学生以 4~6 人为一小组，每小组以《热闹的××街》为题目，围绕当地的特色商业街、小吃街，展示当地的民俗文化特色，拍摄一组短片。要求利用航拍设备拍摄，短片中应包含中景长镜头、远景空镜头与近景特色，利用不用的镜头语言，达到丰富画面的目的。《热闹的××街》脚本见表 4-2。

表 4-2 《热闹的××街》脚本

镜号	景别	画面内容	镜头长度/s
1	远景空镜头	街道的全貌，可以利用前景遮挡将街道徐徐展开	4
2	中景长镜头	沿街道中等高度俯拍"一镜到底"，最后镜头朝天营造转场效果	5~15
3	中景	拍摄街上活动的游客、店铺、表演等	3
4	近景	街道上不同游客的特写 2~3 个	4

知识点❸ 光线与色彩

纪录片内容旨在真实，随着时代的进步和科技的发展，在保持纪录片内容真实的前提下，画面的美观度也在提升。

光线和色彩的搭配是镜头表意的主要语言之一，通过对色调和光影的技术性调节，可以着重突显对某种文化形态的尊重和强化，暗示创作者的创作态度。如今观众对于纪录片越来越重视画面的观感，创作者也要适时迎合观众的审美，力图通过增强画面的表现力来渲染文化氛围，增强影片的可观性。纪录片中的光与色彩作为影响画面观赏性的重要因素，承担着不可忽略的作用。在文化纪录片中的镜头画面中，光与色彩的差异化表现，可以使观众更加明显地区分出画面的真实性和故事性，镜头画面的光线亮度和质感强调了艺术性。合理发挥光与色彩相结合的作用，可以使镜头层次更加丰富，通过画面中光与色彩的不同策略可以看出创作者的用心。通过镜头的再现，光与色彩的对比，可以彰显出创作者对文化的尊重，营造文化氛围感，用影像画面的表达方式使观众产生同样程度的理解。在纪录片展现真实性的前提下，光与色彩的搭配同样给纪录片增添了意境，这也是一种写意手法，更是艺术的超越与升华。

纪录片《香巴拉深处》就很好地运用了色彩语言。"香巴拉"在藏语里是的"香格里拉"的意思，影片在《乐园》的开篇连续 4 个航拍短镜头中铺满了大面积的深绿色，如此来展现香巴拉神秘、静穆的景象。用大面积深绿色调来塑造画面，使画面更有深厚的生机，焕发出磅礴的生命活力。镜头中，阳光透过厚厚的云层投射到绿色的原野上，在地面上形成了水波般变换的图案，霎时光影交错。利用山峰展现色彩与光影变换如图4-5所示。

图 4-5　利用山峰展现色彩与光影变换

摄影：李俊杰

请学生以 4~6 人为一小组，每小组以《校园一景》为题目，利用航拍设备拍摄一组短片。选择校校园中最独特的风景进行展示可选在清晨、上午、傍晚等不同的时间点或晴天、阴天、雨天等不同天气的条件下，感受不同时刻、不同天气状况下的光线和色彩带来的变化。

请先填写拍摄脚本，再进行拍摄。《校园一景》脚本见表 4-3。

表 4-3　《校园一景》脚本

镜号	景别	画面内容	镜头长度/s
1			
2			
3			
4			
5			
6			

▶ 任务 2　纪录片类航拍的流程

任务描述

纪录片是人们了解自然和社会的重要途径之一。人们在欣赏制作精美的纪录片的同时，也要意识到制作纪录片是一个复杂的过程。在这个过程中，需要涉及许多创作环节。一般的创作流程分为前期拍摄和后期编辑两个阶段。前期拍摄一般包括选题、采访、构思、提纲编写、拍摄计划及素材的拍摄；后期编辑一般分为准备阶段、剪辑阶段和检查阶段3部分。

以上海广播电视台艺术人文频道纪录专题摄制组拍摄的工程类纪录片《追梦蓝天》为例，该片讲述了在2002年中国第一次完全自主设计并制造的支线客机ARJ21项目立项之后，通过各级各部层层审批审核后，于2007年底在上海总装下线，历经3 000多个实验和试飞环节。《追梦蓝天》拍摄流程如图4-6所示。由于时间跨度长，拍摄困难、素材量巨大，涉及许多部门和设施，拍摄流程也异常复杂。总之，纪录片类航拍的流程需要经过充分的策划和准备，在拍摄和剪辑过程中需要注重细节与质量，力求将最真实、最生动的画面呈现给观众。

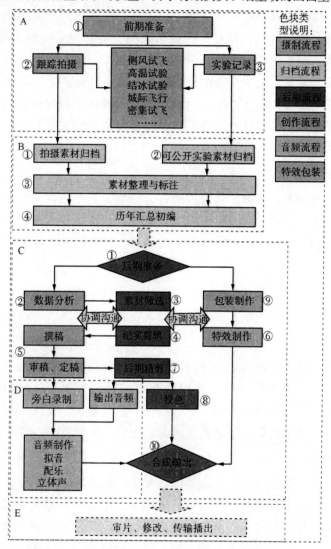

图4-6 《追梦蓝天》拍摄流程

引自：张贲，吴蔚琦，吴喆. 关于长期工程类纪录片的制作经验——纪录片《追梦蓝天》制作流程 [J]. 现代电视技术，2018 (3): 58-63.

无人机航拍技术

本任务将从纪录片类航拍的主要流程入手，通过拍摄提纲撰写、拍摄准备、拍摄与剪辑积分方面介绍记录类航拍流程。

知识点❶ 拍摄提纲撰写

对于纪录片来说，在拍摄开始之前对内容和事件的发生还有很多未知性，拍摄与事物发展同步进行，这也正是这类片子的魅力所在。创作者无法实现为每一个拍摄细节都做好准备，那么在撰写脚本时只能有一个尽量实用的拍摄提纲，作为拍摄时的指导。拍摄提纲就是拍摄计划，是整个拍摄行动的先导，也是一种预设性的工作计划，特别是对于大型系列纪录片来说，拍摄提纲尤其重要，甚至决定整个拍摄进程、制作成本和作品质量，因此，纪录片的拍摄提纲十分重要，需要反复斟酌和缜密思考。

不管纪录片的题材、体量及拍摄难度如何，在具体应对时要根据题材、导演个人风格、创作情况进行灵活调整。总体来说，纪录片的拍摄提纲都有共同点，常见的拍摄提纲在内容构成上主要有以下5个部分。

1. 明确的主题

明确的主题是所有创作者必须考虑的首要因素，创作团队只有确定明确的拍摄目标，制定明确的创作主题，有的放矢，才能在现实生活中用镜头捕捉最能反应主题的精彩瞬间。明确的主题还能起到统领全局的作用，它能让创作者时刻明晰工作的重心。

2. 拍摄的内容

拍摄的内容是明确主题的延伸，在确定拍摄主题后需要确定拍摄素材内容，细致而又有一定预见性的内容往往还能提醒创作者需要捕捉哪些珍贵的素材。

3. 大致的段落

段落的布局，即作品每部分内容的分配以及每部分的具体内容按照什么样的构思串联起来。确定好大致结构，后期剪辑才有迹可循。例如在《航拍中国 黑龙江篇》中，拍摄段落结构就非常清晰：漠河北极村→库尔滨雾凇→亚布力滑雪场→哈尔滨冰雪大世界→雪乡，将中国版图最北端的黑龙江省的壮美景色一一展现在观众眼前。

4. 作品和风格

作品和风格主要由作品主题、具体内容及导演的艺术风格等因素综合决定。例如，纯纪实的风格更适合于比较严肃的题材，如战争、史实等；散文诗式的风格多用于人文和自然地理类题材；记叙文式风格将纪录片故事化，使其更具可读性。风格类型的多种多样，其作品的节奏也有所差别，但只要能较好地表达主题，为内容服务，就不失为一种好的风格。

5. 音乐和同期声

声音可以将符合观众心理、剧情需求的感受表达给观众。纪录片音乐的运用其实

是从观众心里出发的，用音乐给人的心理触动来将观众融入影片，而用同期声则是体现真实感，保证听觉信息传输。因此，在拍摄之前统筹规划好哪些内容需要音乐或者音响，哪些内容需要现场同期录音，如何将音乐和同期声融合好，这些需要应在拍摄提纲中体现出来。

拍摄提纲没有固定的形式，根据题材、具体的内容和创作者的不同有不同的写作形式。有经验的创作者可能并不需要列出确切的拍摄提纲，但对于初学者来说，一份思虑周全的拍摄提纲能让创作者更加胸有成竹，以便在具体的拍摄过程中游刃有余。常见的拍摄提纲的形式有以下 3 种。

1. 轮廓式拍摄提纲

轮廓式拍摄提纲更像是一种简笔画的形式，它不需要创作者列出细致的拍摄内容和详细步骤，而是围绕拍摄主题和拍摄主体形成一个大致的拍摄方案，主要包括拍摄时间、拍摄地点、主要人物和相关事件等，允许根据实际情况做出相应的改变。这种形式的拍摄提纲只是一个大致的框架，每一部分内容在具体的拍摄过程中都可能根据现场情况做出调整，甚至是较大的调整。

2. 段落式拍摄提纲

段落式拍摄提纲主要根据作品讲述的具体故事来确定，将作品分成几大部分，每一部分分别围绕哪些内容展开。这种形式的提纲虽然简单，但是内容较为清晰，且有层次，片中主要事件的呈现较有条例，富有逻辑性。

3. 分镜头式拍摄提纲

分镜头式拍摄提纲将拍摄内容进一步细分，在拍摄之前的准备阶段就需要将拍摄的画面提前确定好，包括镜头的大致时长、景别、拍摄角度、与之对应的解说词等。这类拍摄提纲与故事片的分镜头脚本极为相似，对每个场景和每个镜头的内容都提前做好规划，到现场后直接按照提纲操作，将不确定因素控制在最小范围内，提高拍摄效率。当然，创作者也要根据现场的具体情况灵活修订拍摄提纲，避免拍摄提纲束缚创作者的思维和灵感。这类拍摄提纲主要用于主题先行纪录片，因为要讲述的故事是已经发生或者既成事实的事件，这样的内容才能够在拍摄之前提前确定好如前所述的拍摄内容。对于那些主题后行现实题材纪录片来说，这种拍摄提纲显然不大适用，因为对于将要发生的事情创作者只能预判，无法提前获知，甚至有的事件就连拍摄对象也无法预知，在这种情况下提前分好镜头的做法显然不太现实。

任务实施

请学生以 4~6 人为一小组，观察校园中默默工作的清洁工、餐厅阿姨、宿管阿姨等日常生活，筹划拍摄一组记录身边最美的劳动者小型纪录片，并撰写拍摄提纲。

可参考下面格式：

《校园的美容师》纪录片拍摄提纲

一、选题：校园里清洁工的工作日常

美丽的校园、敞亮的教室、整洁的桌椅、干净的步道，我们常常会感到赏心悦目，而这些大部分功劳要归功于那一抹"橙"——后勤保洁员们。当你沉睡在梦乡时，他们已经开始了一天的工作；当你抱怨着严寒酷暑时，他们正在校园里辛苦地打扫；当你安然地坐在教室里时，他们正顶着风雨清理道路，他们是"校园美容师"，平凡而又伟大。这些校园美容师的日常生活是怎么样的？在工作中又发生了哪些事呢？

二、拍摄内容

利用航拍记录校园的美丽景色，拍摄每位保洁员的工作场景，记录下劳动者真实的工作内容和对工作的感受，传扬敬业奉献的精神。

拍摄人物一：张大叔

【内容】张大叔负责打扫教学楼A楼的卫生，每日需要对进行两次打扫，包括地面打扫、地面拖洗、桌椅摆放、黑板擦洗、关灯锁门等。重点拍摄张大叔在教室中打扫的镜头，打扫完毕关上教室的灯的镜头，月光下走在路上的镜头，注意拍摄手上的茧子等细节。

【特色】为了让第二天早上来教学楼学习的同学有良好的学习环境，同时也为了避免打扰晚上学习的同学，张大叔每次都等到夜晚教室里的学生走完之后才进行打扫，偌大的教学楼需要花费两个多小时才能打扫完，下班的时间通常都是半夜了，然而张大叔却一点也不觉得累，反而觉得能为莘莘学子服务很自豪。

拍摄人物二：黄阿姨

【内容】黄阿姨负责打扫宿舍楼外区域的校园卫生，包括地面垃圾清扫、落叶清理、积雪处理、积水排干等，不论风吹日晒，刮风下雨，都坚守岗位。

【特色】黄阿姨常年在室外工作，虽然头顶带着工作帽，但皮肤仍然晒得黝黑，但黄阿姨开朗的笑容一直挂在她的脸上。有一次她在工作中捡到了同学的钱包，里面有学生证和一些零钱，黄阿姨火急火燎，通过各种方式最终找到了失主，才将悬着的一颗心放下。

拍摄人物三：×××

……

三、问题初步设置

1. 谈工作内容
2. 谈个人对工作意义的看法
3. 谈感受最深的一件事

四、记录形态

突出纪实片的风格，客观记录，突出其过程，少评论。注意寻找现场细节来传达所要表达的主题。

五、操作

1. 拍摄：真实的记录
2. 声音：同期声＋音乐

3. 编辑：注意镜头的组合衔接和叙述流畅

知识点❷ 拍摄准备

确定好拍摄提纲后，接下来开始进行拍摄前的准备工作，根据时间的先后顺序，可分为以下 6 类：

1. 确定拍摄时间

在确定拍摄时间前，需要确定如下内容：项目的测试及准备周期、出发时间和拍摄周期。为了满足拍摄需求，航拍设备需要挂载指定的镜头等，因此需要预留出足够的测试时间，按时完成设备的准备工作。了解拍摄周期和出发时间，可以帮助航拍团队对项目的合理排期，以保证在多个项目并行时人员和设备安排不会发生冲突。

2. 确定拍摄地点

除了确定拍摄时间之外，团队还需要对拍摄所在地提前做好"功课"，其中最重要的一点就是了解拍摄地点是否属于禁飞区域。不同国家和地区对飞行器监管的政策有所不同，我们应当遵守当地的法律法规，及时了解国家和地区对飞行器的管理规定。如果航拍团队使用 DJI 的设备，可以通过 DJI 官网查询限飞范围。

目前不少景区为了保护游客安全、保护野生动物和植物不受干扰，均出台了无人机限制飞行的政策，不同的景区对无人机大小、使用时间和飞行高度都有不同的规定，需要提前查阅相关信息，做好报备。报备的方法通常有两种：第一种是所属单位需提前向景区出具公函，提出使用申请，待相关部门审批报备后，在景区工作人员的陪同下进行使用；第二种是在移动端 App 上进行报备，如杭州市的"警察叔叔"中选择"在浙飞"，首先对个人信息登记，其中需要录入无人机驾照的信息，然后在设备登记中对无人机进行登记，最后进行飞行报备，需要录入设备、起飞区域、起飞点、飞行半径、飞行事由、飞行高度、飞行时间、管辖派出所等，等待线上审批即可。"在浙飞"飞行报备界面如图 4-7 所示。

图 4-7 "在浙飞"飞行报备界面

此外，航拍团队还要了解拍摄场景的地形地貌，是城市、山区，还是沙漠、海洋。通过对不同地形下的实际情况考虑拍摄中可能出现的安全问题：在城市飞行时，要注意无人机可能会遇到信号丢失、飞行管制等问题；山区拍摄时要设定合适的返航高度，设计合理的起飞点，提前查阅该地点是否属于禁飞区等；在沙漠地区拍摄时，为避免无人机、镜头、遥控器进沙而要及时清理设备。

3. 飞行器起飞位置

视野比较开阔，没有障碍物，不会对无人机信号产生遮挡。街景地图也可以考察现场的实际环境。通过利用这些信息，不仅可以帮助飞手寻找到起飞点，还有助于提前规划拍摄的航线。

4. 拍摄的方向和航线

起飞点的选择与拍摄航线是密切相关的。在确定好起飞点之后，拍摄团队还要考虑航线问题。在规划航线时，应该参考拍摄主体的一些详细数据信息。

如果拍摄涉及日出日落的场景，就需要精确地知道拍摄地的日出时间、日落时间和方向。天气预报只能给出日出时间和日落时间，但无法给出对拍摄至关重要的日出方向、日落方向。引用软件"太阳测量师"获得日出和日落信息如图4-8所示。

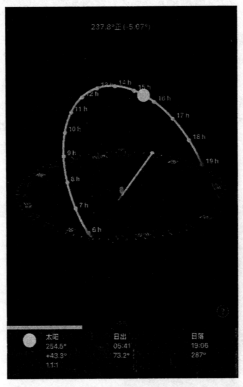

图4-8 引用软件"太阳测量师"获得日出和日落信息

5. 了解天气信息

航拍常常受到雨天、大风、阴天、低温等天气的影响。在航拍出发前，了解拍摄地气候特征，提前查询拍摄期间的天气预报是至关重要的，以此针对特殊天气做好相应的准备工作。

(1) 雨天。目前，大部分无人机都不具备防水功能，一旦遭遇雨水天气，航拍工作就需要停止。山区、高原等地形复杂、天气多变，天气预报也不能完全准确预测。拍摄中随时会遇到降雨。如继续飞行可能会导致无人机进水而影响飞行安全，镜头起雾也会影响相机成像效果，所以应及时将无行机降落收回，使用防雨布遮挡雨水。

天气预报主要预测大范围地区的天气情况，航拍的前期准备则需要精确位置的天气变化，团队可以通过天气预报软件，查看拍摄期间雨云是否覆盖拍摄点。出发前，根据软件的预报信息做出行程规划，并注意气象云图的移动轨迹。一旦出现雨天的迹象，应及时做出拍摄行程调整。

(2) 大风天气。除了降雨，大风对无人机的影响也不容忽视。一般无人机的抗风能力大概在四至五级，超过五级风时就应该谨慎决定是否起飞。风不仅会影响无人机安全，还会影响拍摄画面的稳定性，尤其是在拍摄近景镜头或长焦镜头时就格外明显，因此应携带风速仪，实时监测风力，避免在大风天气拍摄。此外，在山谷中还会存在乱流，也对无人机安全造成隐患；山谷中的阵风可能超过无人机的最大抗风能力，导致无人机无法逆风飞行，所以需要更加谨慎飞行。

(3) 温度。高温和极寒天气都会影响航拍设备的工作状态，所以在极端天气环境中拍摄时，航拍团队应该针对温度有所准备。

目前，无人机大多使用的是智能电池，带有自加热功能，在飞行前会保持正常的电池性能。如果电池没有自加热功能或者是非智能电池，就需要采取保暖措施，如采用泡沫保温箱、热水袋、电池保温贴、暖贴等，防止电池因温度过低而影响供电，以保障无人机的安全。

在高温天气拍摄时，要注意航拍设备不能过热，待机时需放到阴凉处降温。还要注意，当从极寒环境转场至高温环境下拍摄时，电池上若有保温贴纸，此时要务必取下，否则不利于散热，还会存在安全隐患。

6. 准备设备

飞行设备是航拍准备阶段的重中之重，设备异常会直接影响航拍的正常工作。每个项目都会有不同的需求，每种影片也有各自的风格，对于拍摄设备的要求也会不同，这就需要拍摄团队合理地选择设备。拍摄团队可以提前根据不同类的型项目做出配置单，方便拍摄前的设备管理，以防出现漏带设备等问题。除此之外，无人机、相机、素材备份硬盘、读卡器等都是易损物品，需要备用设备，以免设备受损而影响拍摄进度。

以上环节准备完毕后，还需要对飞行设备进行检查，这是前期准备工作中最重要的部分。飞行设备在频繁使用后,如果忽略日常维护和故障排查,就会存在安全隐患。因此,出发前除了确保设备外观完好,还需要进行试飞、试拍。

任务实施

请学生以 4~6 人为一小组,调研当地的名胜古迹、人文景点,选择感兴趣且适合航拍的景区为目标,搜索对该景区进行航拍时是否需要报备,如果需要报备请查询报备方法,写出该景区的航拍报备流程书。

知识点❸ 带有剪辑意识的拍摄

纪录片的拍摄是一个漫长且复杂的过程,为了避免在后期剪辑时经常遇到所拍摄的素材并不合自己心意的情况,在前期拍摄时必须怀有"为剪辑而拍摄"的意识,即"剪辑意识"。"剪辑意识"就是说剪辑时有一个主题、一个创意、一个想法,根据这些构想去拍摄,这样后期剪辑起来将会更加方便、更加省时,效果也会更好。

1. 多拍摄交代镜头

交代镜头的功能是确立场景,它告诉观众故事是在哪里发生的。交代镜头常常以大全景或全景的形式出现,它向人们展示场景中部分与总体以及部分与部分之间的关系。交代镜头是非常重要的,它可以帮助观众了解场景。

观察一个环境或场景时,要努力找出重要的活动或事件,并将场景或事件分解成基本部分并努力去表现它们。

例如拍摄婚礼时,可以将其分解成下面 3 部分:

(1) 婚礼前的活动。如新娘着装、新郎到教堂、新娘驱车去教堂等。

(2) 典礼。如新娘到达、通过走廊进入教堂、典礼(包括交换戒指及新婚夫妇的亲吻)等。

(3) 典礼之后的活动。如通过走廊走出教堂、向新婚夫妇抛撒稻米或鸟食、驱车去招待宴会、宴请家属成员、切蛋糕等。

通过将大事件分解成小的部分,抓住事件的本质,就可以确定拍摄的内容。

2. 在可能的情况下重复活动

假如只能用一台摄像机来拍摄一个事件,如果事件参与者希望并可以重复动作,那么就尽可能地从不同的拍摄角度拍摄同一事件。在传统的好莱坞模式的电影拍摄中,导演先准备一个以广角镜头拍摄整个场景的主镜头,然后从其他的拍摄角度多次重复拍摄这一场景以提供主要演员或场景中主要动作的细节。

例如拍摄一个乐队的演出,可以先拍一个全景镜头,然后拍一个主唱歌手的特写镜头,也许还可以再拍一组镜头——在每个乐手单独演奏时拍摄他的镜头。这就为剪辑提供了交代镜头(整个乐队的全景镜头)以及重要细节的重复动作镜头,为剪辑带来了方便。

3. 拍摄必要的细节

拍摄事件中必要细节的特写镜头可用作切入镜头，拍摄场景之外其他相关细节的镜头可用作切出镜头。

例如，要做一次采访，拍摄一个画家，就应该拍摄一些画家工作的镜头。工作镜头可以包括画家在画室中的全景，也可以拍摄画笔在画布上移动的特写镜头。由画家面对镜头谈话切至画家的工作镜头称为切出镜头，由画室的全景切至移动的画笔特写称为切入镜头。

如果艺术家展示了一些艺术技巧，就应该拍摄这些活动的特写镜头，可以由工作室中艺术家的全景或中景切为艺术家工作中手的特写镜头。操作无人机的手部特写如图 4-9 所示。

图 4-9 操作无人机的手部特写

摄影：李俊杰

4. 拍摄用于转场的素材

在进入拍摄现场时，对于段落或场景之间应如何转场，应该有一个比较成熟的想法，根据不同的画面效果、节奏、内容，结合分镜设计，设计合适的转场形式。

当两个镜头需要起到一种对比作用，来突出和交代所处的广阔场景，有效衔接起地拍和航拍素材时，可以使用远近切换的转场形式。这种形式的前一个镜头是近景或者特写画面，随后紧接一个远景或全景镜头，两个镜头构成两个空间转变，强调了两个角度和前后的空间差异。

当拍摄追逐、打斗的情节，需要去表现速度或制造紧张的情绪，制造强烈的视觉冲突感，此时常运用镜头遮挡转场。挡镜是指画面上的运动物体挡住了镜头的视线，或者镜头在前进过程中逼近一些遮挡镜头视线的物体，进而形成视线被遮挡后自然转场的切换效果，使影片具有更强的代入感。

当镜头用于表现同一主体在多组场景下的自然承接，表现环境、场合或时间季节的快速更替时，可以用相同主体转场。这种形式的转场镜头保持跟随主体不变，但画面场景、时间等发生变化。

当前后镜头的画面中，存在构造相近的物体和场景，且镜头运动方向大体一致，利用相似转场，能够实现连贯的画面过渡。相似场景转场能连续展示一个又一个的相似空间，减少视觉变动元素，符合人们逐步、连续感知事物的规律，避免场景突然变化的突兀感。

拍摄时，可以根据设计的转场形式从不同角度、景别进行拍摄，方便后期选材、剪辑，以达到更好的视觉效果。

任务实施

快速提升用镜头叙述故事的运用能力，可以尝试抛弃剪辑、音乐甚至视频，单单用几十张照片来讲述一个完整的故事。

请学生以4~6人为一小组，构思一个故事情节，通过照片的形式（不多于30张），以时间顺序完成一个故事的表达。要求故事主旨明确，内容积极向上，弘扬民族优秀传统文化，展现新时代美好生活。

▶ 任务3　脚本与分镜的制作

任务描述

纪录片的脚本相当于整部作品的制作说明书，它能让每个人都知道导演的意图，各司其职，顺利地按照导演的要求来工作。

纪录片拍摄看起来十分简单，容易上手，但实际上涉及的面非常广泛。一部优秀的纪录片在制作时是十分琐碎的、复杂的，围绕故事的主干，会衍生出许多细节。而正是这些细节决定了该如何剪辑视频。有一个相对技术含量较低的方式可以使视频创作变得更有条理、更容易些，那就是分镜。创作分镜可以使视频制作的每一步更加简单，也能让创作者更有效地计划、更清楚地表达，避免从一开始就陷入混乱。

制作视频脚本与分镜，对拍摄而言具有以下优势：

（1）提升团队拍摄效率。脚本的作用在于，确定拍摄主题、故事内容、流程环节等要素。导演可以根据脚本更好地进行指导，摄像师可以更专注拍摄任务，团队成员可以按照脚本步骤进行工作，极大地缩短了拍摄时间。

（2）提升团队沟通效率。一条完整的视频输出，需要各方面的沟通协调，团队成员根据脚本进行工作，能很快明白导演的意图，更快、更直接地完成任务。

（3）提升视频拍摄质量。用脚本来指导拍摄，可以更好地贴近主线进行创作，道具、服装和化妆等工作人员可以提前做好安排和准备，同时能很直观地预览到成片的大致模样。

大部分的纪录片乃至影视作品都需要分镜和脚本,这可以说是一项基本技能。通过本任务的学习,学生会对脚本及分镜有更加清晰认识的,并且基本能够在纪录片创作中灵活运用。

知识点 ❶ 脚本制作

脚本是拍摄视频的依据,前期的准备工作、后续的拍摄、剪辑等都要基于脚本进行。简单来说,就是脚本已设定好在什么时间、什么地点出现什么画面、什么人,镜头如何运用。可以说,把整个视频所涉及的一切内容都已提前计划好了。

脚本就是视频的拍摄框架,有了这个框架,前期的准备、后续的拍摄、剪辑才能有目的、有方向地进行。就像写文章一样,先列文案框架,根据框架再去补充内容,这样写起来思路更清晰。在开始写脚本前,必须先确定好此次视频的内容思路,确定视频主题,排好视频拍摄时间,找好视频拍摄地点,挑选适合背景音乐或音乐风格。

拍摄脚本中要对每一个镜头进行细致的设计,主要包括以下要素:镜号、镜头运动、镜头景别、时长、画面、台词及音乐。

1. 镜号

镜号指的是镜头的序号,一般用数字1、2、3表示。

2. 镜头运动

镜头运动是指摄像机的运动,除了固定机位以外,还有推、拉、摇、移等方式。

3. 镜头景别

镜头景别是指画面的范围,包括远景、全景、中景、近景、特写等。

4. 时长

时长是指镜头持续时间,一般精确到秒,提前标注清楚每个镜头的时长,方便拍摄剪辑时找到重点,提高拍摄剪辑的工作效率。

5. 画面

画面指的是需要演员表现出来的画面信息,具体来讲就是拆分剧本,把内容拆分在每镜头里,用精炼、具体的语言描述出要表现的画面内容,必要时可借助图形、符号表达。

6. 台词

台词指的是演员的解说词,是为镜头表达准备的,起到画龙点睛的作用。

7. 音乐

分镜头脚本中需要准备好使用的音乐准备好,音乐可以帮助创造出更加逼真的氛

围,增强观众对场景的感官体验,可以通过节奏、速度和音调等方面来表达剧情发展的快慢,帮助构建紧张感或轻松感,也可以通过旋律、和弦和歌词等方面来表达角色的内心情感,增强角色的形象和表现力度。在写脚本时,如果已经有了明确的想法,则可以写上确定的音乐曲名;如果还没有明确的想法,则可以将音乐的风格、节奏、旋律特征写上,后期剪辑时再确定。《飞跃丹霞》部分脚本如图4-10所示。

镜号	画面内容	景别、角度	备注	画面截图	时长
1	航拍七彩丹霞丘陵部分山体	大远景平拍	以丹霞山为画面主体进行调度		6 s
2	航拍拍报张掖市广场木塔	远景平拍	以木塔为画面主体进行调度长镜头拍摄		20 s
3	航拍拍报俄博岭下的湖,远处是祁连雪山	大远景平拍	以湖和远处的雪山为画面主体		7 s
4	航拍拍摄七彩丹霞景区丹霞丘陵群	大远景平拍	以丹霞丘陵群为画面主体		6 s
5	航拍拍摄七彩丹霞景区丹霞丘陵群	大远景俯拍	以七彩丹霞丘陵为画面主体长镜头拍摄		19 s

图4-10 《飞跃丹霞》部分脚本

引自:司司坤.自然风光类纪录片中航拍场面调度的研究与实践[D].西安:工程大学,2011.

任务实施

请学生以4~6人为一小组,调研当地的名胜古迹、人文景点,选择感兴趣且适合航拍的景区为目标,撰写一部关于拍摄内容的脚本。拍摄目的是向观众推介名胜古迹的宣传纪录片,总时长3~5 min,构思时注意运用恰当的镜头语言。拍摄脚本见表4-4。

表4-4 拍摄脚本

镜号	镜头运动	景别	时长	画面	台词	音乐	备注
1							

续表

镜号	镜头运动	景别	时长	画面	台词	音乐	备注
2							
3							
4							
5							

知识点❷ 分镜制作

分镜是视频的视觉体现，它由一系列缩略图组成，通过分镜，能够向他人传达视频从头到尾的具体内容，同时分镜中还会包括对画面的注解。说简单一点，分镜看起来像漫画。分镜可简单、可复杂，但通常都是手绘的。分镜与脚本类似，但又有差别：分镜是将视频可视化，而脚本是以文本的形式呈现的。

分镜一直是电影、视频制作中必不可少的一部分。随着新形态的视频盛行，分镜也演化出了不同的类型。下面介绍一些典型的分镜类型：

（1）传统分镜。传统分镜是一系列的铅笔或水彩画，能在拍摄开始前使视频变得可视化，其特点是易于编辑。一般会将它们按顺序排在墙上或装订成册，方便参考。传统分镜根据需要进行绘图，可以使用它来描绘脚本里的关键场景（此种类型的分镜通常也配有文字内容，用来描述画面）。

（2）缩略图分镜。缩略图分镜主要是指在几张纸上制作视频中镜头的小草图（邮票大小）。由于尺寸小，与传统分镜相比，它们的详细程度较低，花费的时间更少。使用它可以快速起草想法，然后再绘制更详细的版本。

（3）动态分镜。随着技术的发展，创作者已经能够制作出更为复杂的分镜了。这种类型的分镜以视频的形式展现，并配以相关对话和音乐。动态的分镜能够更加直接地展示视频的流程、节奏和整体效果。纪录片《澳门之魂》部分分镜如图 4-11 所示。

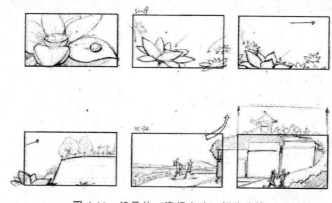

图 4-11 纪录片《澳门之魂》部分分镜

为了将头脑中的想法完美地转换为分镜，可以借助以下6个步骤：

（1）定义目标。在开始创作之前，首先需要思考制作这个视频的目的，是要推荐某个产品，还是分享一些感谢心得，或是提升公司形象？确定目的后，还需要思考希望人们在观看完视频后达到怎么的效果。确定了这些信息之后，制作分镜就会更得心应手。

（2）头脑风暴。想出尽可能多的点子，将它们全部写下来。将不同的想法进行结合，发掘可能性。

（3）创建时间线。一旦确定了视频的大致内容，就可以开始拟定时间线了。确定故事的开始、中间、结束以及中间的过渡。确保想法流畅，视频有意义，并能够吸引观众。

（4）开始绘图。在一切准备好之后，就可以将想法付诸纸上了。在纸上画一系列的小框，或者下载打印一个免费的分镜模板。一次一帧，以漫画的风格勾勒出画面。

（5）添加详细的文本信息。在图像下方附上对应脚本信息，也需要在每个缩略图中添加一些额外的注释，来说明缩略图的内容以及制作中需要的相关信息。例如，如果打算在视频中使用画外音或者让文本出现在屏幕上，就需要在故事板中适当的位置包含这些信息。

（6）修订分镜。修订分镜是一次尝试不同方法的机会，让分镜尽善尽美。在修订过程中，可以让更多的人参与进来，根据不同的意见再次修改。

任务实施

请学生以4~6人为一小组，选择一部纪录片中3 min的片段，使用如表4-5所示分镜表的格式，制作出该片段的分镜表。

表4-5 分镜表

《　　　》分镜表　　　　　　　　　　　　　　　　　　　　　　　　　　第　页

镜号	画面	动作	对话	时间

续表

镜号	画面	动作	对话	时间

▶ 任务 4　不同条件下的航拍训练

任务描述

纪录片中高质量的航拍镜头能为整部影片带来不一样的视角，大大提高影片的画面美感，同时随着无人机技术的不断发展和完善，使得无人机航拍可以运用在越来越多的场景和对象中，为人们带来更丰富的镜头画面。因此，航拍训练作为一项重要的技能，对于从事纪录片类航拍工作的人员来说是必不可少的。

本任务旨在帮助无人机驾驶员掌握各种不同条件下的航拍技巧和方法，提升航拍能力，针对不同条件下的航拍环境和航拍对象，详细讲解无人机航拍工作如何应对，包括选择合适的飞行路径和高度、考虑天气状况和风力等因素。本任务将重点介绍不同条件下的飞行技巧，如在山区、夜晚、城市等复杂环境下的航拍技巧，此外，还涵盖航拍中的安全注意事项，如飞行规范、避免干扰他人等方面的建议。

为了更好地帮助读者理解航拍技术在实际拍摄中的应用，本任务给出了一些案例。通过对案例的讲解，读者可以深入了解不同条件下的航拍挑战和解决方案，从而更好地应对各种复杂情况。航拍训练是一项需要不断实践和探索的技能，本任务只提供了一些建议和指导，并不能代替实际操作和经验积累。因此，在学习本任务的同时，也应该积极参与实际训练和项目，并不断总结和反思，以不断提升自己的航拍技术水平。

知识点❶　人像航拍

人物以及人物的活动是纪录片中不可缺少的影像要素，但相对于单纯的景物航拍，人物航拍不仅要考虑景别的取舍，还要强调人物主体，同时表现人物与环境的关

系，难度系数更高。

（1）航拍技巧与构图设计。拍摄前的准备工作非常重要，应提前了解目的地及与航拍有关的信息，人物在航拍画面里通常只占很小的部分，所以不宜在环境太过于复杂的场景里拍摄，容易丢失主体。颜色比较干净的大海、沙滩、草原、操场等场景更适合人像航拍。可以用地图软件勘察地形，设定好飞行航线，进行试飞前应查看实际地形和飞行环境，避免炸机。适合人物航拍的场景如图4-12所示。

图 4-12　适合人物航拍的场景
摄影：李俊杰

在人物进场前，确定好点位，预构图，不飞上去很难准确把握鸟瞰视角的画面结构元素，可能有些线条会凸显出来，高低错落会被压平。在拍摄时间上，对于空中俯视视角的航拍来说，中午的光太过垂直地面，以至于人物扁平，缺少光影感。相反，上午或者是下午的时候，阳光都是侧打在地面上，形成很丰富的明暗关系，制造很多画面的惊喜，而且相对于中午的光，上午和下午的光会相对更柔和一些，打在人身上会更自然，而不过于凌厉硬朗。一天不同时刻的光线对人物的影响如图4-13所示。

　　（a）中午的光　　　　　　　　　（b）下午的光

图 4-13　一天不同时刻的光线对人物的影响

构图时，可以利用对比营造冲击力，或是利用线条强化形式感。为了让人物形成视觉焦点，构图时通常可以把人物放在画面中心，或者是放在三分法的 4 个点上。还要特别注意画面中主线条的横平竖直，打开遥控屏幕的辅助构图线，确保画面不是歪斜的。利用线条构图如图 4-14 所示。

图 4-14　利用线条构图
摄影：李俊杰

（2）人物姿态和道具置景。航拍人像有一些区别于常规拍摄。因为航拍多是俯视角，站立的人物会被压缩，显得矮小、变形，所以从道具置景到人物的肢体姿态，确实有很多细节和巧思。

为了让人物更醒目，画面的视觉冲击力更强，可以根据环境色调的对比色或互补色来挑选当天的服饰颜色。比如，在蓝色主调的场景里，可以选择穿黄色或者红色的衣服；在黄颜色的场景里，可以穿红色或者蓝色的衣服。有一种情况例外，就是黑、白、灰是消色，可以搭配任何颜色。如果场景主色是黑、白、灰，就可以更加自由大胆地发挥了。对比色和互补色如图 4-15 所示。

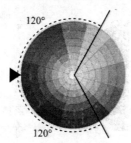

对比色：以某一颜色为基准，与此颜色相隔 120°~150° 的颜色为对比色。

例：

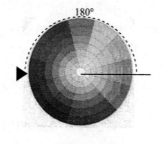

互补色：以某一颜色为基准，与此颜色相隔 180° 的颜色为互补色。

例：

图 4-15　对比色和互补色

航拍人物和近距离人像摄影又不同，它不是为了表现人物局部的风采，更多是要展现人物与环境的关系以及人物的状态。比如在草地上散步玩耍，在沙滩上躺卧聊天，在山顶上登高远望，都是人物与景物的合理状态。拍摄时尽量避免呆板地看向镜头，而是做一些和环境契合的动作，拍出来的照片会更自然，要通过多拍多看完成审美积累，只需要遵循"怎么舒服自然怎么来"的法则即可。

两名同学为一个小组，一名同学拍摄时另一名同学充当模特，选择合适的场景并手动设置合适的拍摄参数、人物姿态、道具设置等，通过巧妙利用构图展现出模特与环境的呼应，使模特成为画面的点睛之笔。自行拍摄一组航拍人像素材并分析效果。人像航拍评价分析表见表4-6。

表4-6 人像航拍评价分析表

考核内容	是否完成	是否通过	说明原因
拍摄准备			
拍摄参数设置			
构图技巧			
人物姿态			
道具置景			

知识点❷ 城市航拍

在《航拍中国》等纪录片中出现了大量城市内环境的航拍镜头，这些镜头展现了城市的多样性、美感与活力。城市中具有多样化景观特征，大多数具有突出的线条和几何形状，存在人造结构和自然环境的对比，如城市中的公园、河流或湖泊。航拍可以捕捉到这种对比的美感，展示出城市的和谐与自然之间的交融。

1. 建筑物、博物馆的拍摄

为了获得高质量的航拍素材，需要选择晴天、可见度高的天气，选择日落前的蓝调时间或者有日出、夕阳的黄金时间，可以让画面显得更纯净、立体。拍摄时可以利用前景，建筑物，桥梁、树木等都可以作为前景给博物馆增加空间层次感。拍摄角度的选择也很重要，对博物馆这种比较大气、沉稳的建筑，航拍时既可以飞高采用垂直俯拍，获得与地面上完全不一样的视觉效果，也可以低飞贴近用仰角拍摄，这样更具有画面冲击力，体现出大型建筑的宏伟感。拍摄博物馆时因地制宜地增加一些当地小特色，比如博物馆门前有一片水池，就可以让无人机贴近水面拍摄博物馆和它的倒影，会使画面更加生动。航拍山西省博物馆如图4-16所示。

图 4-16　航拍山西省博物馆
摄影：李俊杰

2. 桥梁类的拍摄

桥梁类的拍摄同样要选择晴天、可见度高的天气，如果想要展现桥梁上车辆奔流不息的场景，可以选择上下班通勤时间，太阳光线好的时候会让桥身更加立体，但需要注意太阳和桥的夹角，如果想要画面出现桥梁长长的拖影，就要避免在日出、日落前后时段拍摄。拍摄桥梁的思路可以从远、中、近 3 个景别来进行，首先可以进行远景的拍摄，让桥梁和城市的风景融合，也可以从斜上方俯拍桥梁，让河道当背景，最后让无人机飞到桥梁正上方进行垂直俯拍，这样可以看清这个桥梁的构造，从侧面透过吊索拍摄桥梁也是不错的选择。航拍桥梁如图 4-17 所示。

图 4-17　航拍桥梁
摄影：李俊杰

3. 公园、广场的拍摄

公园、广场的拍摄同样要选择晴天、可见度高的天气，避免中午太阳直射，最佳时间是早上日出和夕阳时间，这时阳光从斜侧方打来，可以使拍摄对象更加柔和、立体。拍摄公园可以尝试找到公园里的建筑或者河流进行拍摄，也可以选择穿越树林或者仰拍建筑。第一，公园里有非常多的元素，如亭子、树林、小桥、草坪、湖泊等，可以选择固定的物体作为画面的中心进行拍摄；第二，如果公园附近有城市建筑，可以尝试用远景和高角度一并拍摄，展现公园所处的周边环境以及它们之间的联系；第三，在确保安全的前提下，可以降低无人机的高度对游人拍摄一段跟随近景镜头，展现人与环境的和谐关系。航拍许昌西湖公园如图 4-18 所示。

图 4-19　航拍许昌西湖公园
摄影：李俊杰

任务实施

两名同学为一组，选择当地城市中一个典型建筑，如高楼、博物馆、桥梁、公园等拍摄一段宣传视频。要求利用航拍手法突出被拍摄对象的特点，如高大宏伟、古朴典雅、山清水秀等，视频时长为 1 min 左右。

知识点❸　夜景航拍

纪录片中常常会出现夜晚的场景，由于夜晚的光线昏暗，灯光与黑夜对比明显，因此是无人机航拍的一个难点，导致易出现画面质量不理想、噪点多等问题，需要掌握一些要点才能拍出绚烂的夜景。

1. 提前进场，保证安全

无人机在夜晚拍摄过程中一方面缺少照明光线，另一方面建筑物的霓虹灯、道路上的路灯与车灯又纷乱耀眼，无人机驾驶员难以保证在飞行路线上的绝对安全。为了避免拍摄时受到电线、建筑等干扰，需要提前在白天到达拍摄现场仔细勘察环境，设计路线，确保人员及设备安全。为了不让无人机前臂灯的光晕影响到拍摄画面，可以在飞控参数设置→高级设置里关闭机头指示灯。在完成拍摄后，要重新打开机头指示灯，以免影响飞行安全。

2. 针对环境，调整参数

在夜晚实拍时，通常也需要提前进场，针对现场环境对拍摄参数进行调整。夜晚光线过暗时，可以适当调整云台相机的感光度和光圈值来增加图传画面的亮度；在相机设置菜单中，除了选择固有的几种白平衡模式外，还可以自定义设置一个色温值，数值越高，画面越暖，数值越低，画面越冷，利用色温偏差，人为地营造独特的照片氛围；在夜间拍摄时，难以确认照片是否对焦，这时不妨打开峰值对焦，它会将画面中最锐利的区域高亮标记出来，从而帮助我们判断画面区域是否成功对焦。另外，在夜间拍摄时，感光度越高，画面噪点越多，一般情况下建议设置感光度参数为 ISO100~ISO200，最高不要超过 ISO400，否则会对画质产生较大影响。

3. 运镜手法，完美呈现

在夜晚拍摄时，在调整好拍摄参数的前提下，配合运镜手法，可以使画面效果更加引人注目。为了拍摄建筑物群的霓虹灯，可以采用平时侧飞的方式进行航拍建筑近景，将建筑外立面的璀璨光效和流光溢彩的玻璃幕墙的细节展现出来；为了展现一段时间的光影变换，可以采用延时摄影的拍摄模式，无人机会自动拍摄多张照片进行合成，可以完整地记录下城市从日落晚霞到灯火阑珊的景色变化，天空中云彩涌动，非常吸引观众眼球；当拍摄灯光绚丽的街道时，可以采用直线向前的方式拍摄，将无人机升上高空，缓慢推动升降舵，保持无人机沿着道路平稳前飞即可。夜间航拍体育馆如图 4-19 所示。

图 4-19　夜间航拍体育馆
摄影：李俊杰

任务实施

两名同学为一组，选择一个夜间照明效果良好的建筑，在保证安全和符合规范的前提下拍摄一段夜间航拍视频。要求画面清晰明亮，噪点少，画质纯净，不存在过曝光或者欠曝光，画面中尽可能展现被拍摄物的细节，视频时长为 1 min 左右。

课后习题

1. 在纪录片类航拍中,有哪些常用的镜头语言?这些镜头语言适合运用到什么场景中?

2. 请试着写一份完整的纪录片类航拍的流程,可以使用流程图或者文字描述的方式。

3. 请从表现形式、起到作用、包含要素等方面对分镜与脚本的概念进行区分与对比。

4. 请从人像航拍、城市航拍、夜景航拍选择一种或者两种你最感兴趣的题材,拍摄并剪辑 1 min 左右的影片并进行展示。

项目五
航拍应用与发展

项目描述

一、项目背景

随着科技的飞速进步，无人机技术已逐步成熟并广泛应用于各个领域。航拍作为无人机技术的重要应用之一，以其独特的视角和高效的作业方式，为影视制作、地理测绘、环境监测、新闻报道等领域带来了革命性的变革。本项目旨在深入研究航拍技术的应用与发展，推动相关产业的持续发展。

二、项目目标

本项目主要包括航拍技术的应用研究、技术开发、市场推广及培训等方面。首先，对航拍技术在各个领域的应用进行深入分析，总结其优缺点，提出改进方案。其次，开发更加智能、稳定的航拍无人机及其配套设备，提高航拍的质量和效率。同时，积极推广航拍技术，与各行业合作，拓展其应用范围。最后，提供航拍技术培训，培养更多的航拍人才，为航拍技术的普及和发展做出贡献。

三、项目内容

技术研发：研究新型航拍无人机设计，开发高性能航拍相机和图像传输系统。

应用探索：与各行业合作，探索航拍技术在不同领域的应用潜力，开发定制化的航拍解决方案。

市场推广：开展航拍服务，为客户提供高质量的航拍素材和后期处理服务。

四、项目意义

推动产业发展：通过航拍技术的广泛应用，带动无人机制造、图像处理等相关产业的发展。

提高作业效率：航拍技术能够快速、准确地获取地面信息，提高作业效率。

丰富视觉体验：航拍独特的视角和画面效果，为观众带来全新的视觉体验。

项目准备

1. 市场调研与分析

在项目启动之初，需进行深入的市场调研与分析。首先，识别航拍技术的潜在应用领域，包括电影航拍、广告航拍、航拍直播等，并分析这些领域对航拍技术的具体需求。研究当前市场上的航拍产品和技术，了解其优缺点，以便为项目定位提供参考。

2. 技术规划与研发

基于市场调研的结果，制定详细的技术规划和研发方案。确定项目所需的关键技术，如高清图像传输、智能飞行控制、数据安全加密等，并制订相应的研发计划和时间表。同时，组建一支专业的技术团队，包括无人机工程师、图像处理专家、数据安全专家等，以确保项目的顺利进行。

3. 资源整合与配置

为了保障项目的顺利实施，进行资源整合与配置。首先，筹集项目所需的资金，并制订详细的资金使用计划。准备必要的场地和设备，包括无人机试飞场地、图像处理工作站、数据传输设备等。

4. 团队建设与培训

注重团队建设与培训。招募具有相关背景和经验的人才，组建技术、市场、运营等多个团队，并有针对性地进行培训。鼓励团队成员之间的沟通与协作，建立有效的沟通机制和激励机制，以提高团队的凝聚力和执行力。

5. 风险评估与应对

在项目准备阶段，进行风险评估与应对。识别项目可能面临的风险，如技术风险、市场风险、资金风险等，并制定应对措施。建立风险预警机制，对可能出现的风险进行实时监控和预警，以便及时采取应对措施，确保项目的顺利进行。

▶ 任务1　电影航拍

知识点 ❶　电影航拍的背景与发展

1. 电影航拍的背景

电影航拍是近年来数字影视制作技术的一项重要发展。它利用无人飞行器（无人机）从空中拍摄影片，使得影片有更多的视角和特殊视效，不仅增强了影片的视觉冲击力，也扩大了电影表现手法的范围。电影航拍的起源并不明确，但早在20世纪初，电影摄制者就已经尝试通过飞机或直升机（图5-1）对地面进行拍摄。然而，由于技术限制和成本问题，这种方式并未得到广泛应用。

图5-1　航拍直升机

20世纪70年代末，随着数字技术的发展，电影制作开始使用电子摄像和电脑特效，大大提高了航拍的可能性和成像效果。此外，电影制作费用的降低也使得航拍在电影中的运用变得更为普遍。

2000年以来，电影航拍进入了一个全新的发展阶段。无人机的提出和普及，使得航拍变得轻松而经济，很多人都可以便捷地拍摄出高质量的航拍镜头。越来越多的电影开始使用无人机航拍（图5-2），让影片更具动态感，能引起观众强烈共鸣的视觉效果。

图5-2　无人机航拍

（1）早期阶段（20世纪初至1970年）。此时的航拍费用非常高昂，并且需要使用飞机或直升机进行拍摄。虽然质量还算可以接收，但通常只被用于特殊场景，如战争镜头等。

（2）过渡阶段（1980年至1999年）。随着录像带和数字化后期技术的逐渐普及以及硬件设备优化，在大型乃至中小型影视制作上都开始采取空中视角。例如，《第一滴血2》《终结者》等，其中包含许多震撼而庞大的航空镜头。

（3）现代阶段（2000年至今）。进入21世纪后无人机被引入影视市场，并快速地走进人们日常生活中,同时也更节省预算,产出史诗级别特写镜头,如《冒牌家庭》、"狼"系列、"反恐精英"系列等众多好莱坞巨片和华语佳片。

一些具有代表性的案例如下:

《阿凡达》这部电影在航拍技术的使用上可以说是开创性的。电影里大量的美景都是通过航拍来实现的,通过航拍使得观众仿佛身临其境。

在《冰雪奇缘》中,动画师利用航拍无人机拍摄了挪威的雪景,然后用这些素材作为动画背景,带给观众如梦如幻的视觉体验。

在《猫头鹰小队》中,无人机的使用减少了直升机拍摄的风险,同时也开创了新的视点和视野。无人机不仅可以进行高空拍摄,还能在森林中穿梭,拍摄出电影需要的一些特殊镜头。

2. 电影航拍的未来发展趋势

航拍电影已经在当前电影制作中占据了重要的地位,未来的发展趋势也十分明显。以下是一些电影航拍可能的未来发展趋势:

(1) 更高清的图像质量。随着技术的发展,无人机搭载的摄像头将拍摄到更高清、更为细腻的画面。例如,4K、6K甚至8K的超高清格式,将使观众能够在大屏幕上看到更高质量的航拍镜头。

(2) 更先进的飞行技术。随着无人机技术的不断进步,人们可能会看到更复杂、更为出色的飞行表演。例如,无人机群能够进行大规模的编队飞行,创造出前所未有的视觉效果。无人机编队飞行表演如图5-3所示。

图5-3 无人机编队飞行表演

(3) 更广泛的应用领域。航拍不仅会在电影中有更广泛的应用,在广告、电视剧、纪录片、体育赛事等领域都有可能成为重要的拍摄手段。尤其是在难以达到的区域,如山区、海洋中,无人机将发挥重要的作用。

(4) 虚拟现实和3D电影。随着虚拟现实技术(VR)和3D电影技术的发展,未来可能会有更多无人机航拍的镜头被用于这些新的电影形式中。观众可以通过VR设备,从无人机的视角自由地观察电影中的场景,享受更为沉浸式的观影体验。

（5）人工智能与无人机。随着人工智能技术的进步，目前无人机已经可以实现自我识别和路径规划等功能。未来，无人机或许能够根据拍摄剧本和导演的意图自动完成拍摄工作。

随着技术的不断进步和应用的不断深化，航拍电影将会更加精彩，也将对电影产业的发展产生更深远的影响。

知识点❷　电影航拍设备的种类与选择

1. 电影航拍设备的种类

航拍无人机可以分为四轴无人机（图5-4）、六轴无机机（图5-5）和固定翼无人机（图5-6）三大类。其中，四轴无人机适用于低空近地操作，此类型的无人机操作便捷，在电影拍摄中应用广泛；六轴无人机的性能稳重，抗干扰能力强，适合于大场面飞行，并可悬停于较高处获取稳定画面；固定翼无人机则适合在较大范围内进行测绘，凭借长时间的续航能力，担负起长时间连续拍摄的任务。

图5-4　四轴无人机

图5-5　六轴无人机

图5-6　固定翼无人机

2. 航拍无人机的结构与功能

无人机一般由悬挂式云台、高清视频传输系统、无人机主体及操作设备等组成。无人机的云台部分通常可以安装摄像设备，视频传输系统则保证了无人机在飞行过程中能高清、实时传输视频数据。无人机主体包含电源系统、飞行控制系统和导航系统等，保证无人机的稳定飞行和精确操作。

比较不同类型无人机的优缺点：四轴无人机体积小，操控灵活，适合贴近地面或复杂环境进行拍摄，但载重能力有限，不适合携带大型摄影设备；六轴无人机稳定性好，载重较高，适用于悬停拍摄或大场面拍摄，但价格较高；固定翼无人机航程广，适合大面积拍摄，但不适合密闭环境或者贴近地面的拍摄。

如何选择适合电影航拍的无人机设备？

选择无人机时,首先要根据电影的拍摄需求和预算进行分析,对于大面积或长时间连续拍摄的场景,固定翼无人机可能较好;对于密集城市环境或者特殊角度的拍摄,四轴无人机或者六轴无人机也许更加适合。其次,考虑无人机的行业口碑和售后服务,选择信誉好、服务佳的品牌。最后,考虑无人机的易用性和安全性,尤其是对于飞行员的技术要求和飞行环境的适应能力。

案例:电影《使徒行者2:谍影行动》使用了六轴无人机在云南的上空拍摄了许多震撼的镜头。电影《疯狂动物城》利用四轴无人机拍摄了城市景象,作为后期特效的参考。

知识点❸ 电影航拍的准备工作

1. 航拍地点的选择与评估

航拍地点的选择关乎拍摄的效果和飞行的安全。评估地点时,要考虑地形、地物、气候等因素。例如,航拍山区需要考虑风速、温度等影响飞行的因素;航拍城市需要考虑高楼大厦、电线杆等影响拍摄和影响无人机飞行的因素。

2. 航拍许可与法律法规

航拍通常需要得到当地政府的许可,尤其是在涉及敏感区域(如机场周边、政府机构等)时,必须遵守相关法律法规,否则可能面临罚款甚至刑事责任。

3. 飞行环境的评估与风险控制

飞行环境的评估涉及飞行的天气、光照、地形等因素,以及可能出现的飞行难度和危险。对这些因素进行预测和评估,可以避免风险,保证飞行和拍摄的顺利进行。

4. 航拍团队的组建与合作

成功的航拍不仅需要优秀的飞行员,还需要一个专业的团队,包括摄像师、导演、场记等各个角色。团队成员之间的良好合作对于高效、高质量的航拍至关重要。

知识点❹ 电影航拍中的创意与技术应用

1. 特殊效果与动态镜头

在电影航拍中,创造特殊效果与动态镜头是常见的,这可以引入新的视觉元素,提升观众的观影体验。例如,通过调整无人机的飞行速度和方向,可以制作出模拟过山车的视觉效果。

(1)轨道镜头。这是一项基本的飞行技术,即无人机绕着一个特定的点做圆形或者椭圆形飞行(图5-7)。无人机保持对准拍摄对象,随着无人机的飞行,它会创造出饶有趣味的视角变化。这种技巧在拍摄建筑、雕塑或者其他特定地标时体现得尤为突出。

图 5-7 使用轨道镜头拍摄学校篮场

（2）顶视角。顶视角指无人机从天空垂直向下拍摄的视角（图 5-8）。此角度拍摄的场景常常极具美感，也适合创造视觉冲击力强的效果。例如在动作电影中，可以通过这个角度全景展示汽车追逐的场景。

图 5-8 顶视角拍摄

（3）透视拉近和拉远。这是一种常见的特殊效果，可以加强镜头的力度，增强观众的观感体验。在拍摄时，无人机向对象靠近或者远离，但同时缩放镜头，使得拍摄对象的大小保持不变。此技巧在电影《贫民窟的百万富翁》的奔跑场景中被巧妙的运用。无人机拉远拍摄如图 5-9 所示。

图 5-9　无人机拉远拍摄

（4）时间延迟。时间延迟是通过拍摄一系列照片，然后以视频的形式播放，可以创造出高速运动的视觉效果。在拍摄城市风景、天空变化或车水马龙的场景时经常被使用。无人机延时拍摄如图 5-10 所示。

图 5-9　无人机延时拍摄

以上就是在电影航拍中常见的一些特殊效果和动态镜头的应用。无人机拍摄提供了无与伦比的自由度，从前所未有的视角捕捉电影画面，使得电影的视觉艺术更加丰富。电影航拍没有固定的公式，最重要的是根据电影的情节、氛围、风格去选择和创造合适的效果与镜头。

2. 镜头运动技巧与剪辑技术

在航拍电影中，镜头运动技巧和剪辑技术对于创造出吸引人的视觉效果至关重要。这些方法可以增强故事情节，提升观众的观看体验。

（1）镜头运动技巧。飞行中的镜头运动可以创造出实在地面无法实现的视觉效果。

以下是一些常用的技巧：

①平移。无人机水平移动，而摄像机对准一个固定的目标。这种方法能表现出物体的相对运动，并可用于追踪移动的目标。

②俯仰。无人机保持静止，但摄像机向下或向上倾斜。这种方法常用于展示垂直的空间距离和深度。

③环绕。无人机围绕一个固定的目标旋转。这种方法能够全方位地展示一个目标，并创建出动态的视觉效果。

④冲击。无人机迅速向前飞行，常常用于突然转场和惊喜镜头。

（2）剪辑技术。通过对航拍材料的剪辑，可以对视觉效果进行再次创作。下面给出几种常见的剪辑技巧：

①节奏变化。通过改变镜头的切换速度，来改变观众的情感反应。慢节奏经常用于展示和情感渲染，而快节奏则常用于紧张和刺激的场景。

②连接。将两个视觉上或意义上相关的镜头连接起来，可以引导观众的注意力和感知。例如，通过一个向下的航拍镜头切换到一个同样方向的内部镜头，可以创造出空间的连续感。

③颜色调整。通过调整镜头的色彩，可以产生特定的情绪和氛围。在航拍中，往往通过调整天空和地面的色彩来改变整个画面的感觉。

④音效。配合音乐和声音效果，可以增强航拍镜头的吸引力。例如，通过在飞行中添加风声或者引擎声，可以增强真实感。

总体来说，在航拍电影中，通过镜头运动技巧的创新运用和剪辑技术的精良处理，可以最大化地提升电影的视觉效果和艺术表现力。

任务 2　广 告 航 拍

任务描述

项目名称：XX 品牌城市风光与产品融合广告航拍

客户目标：通过无人机航拍展现城市壮丽景色，并将 XX 品牌产品（如高端住宅、汽车、科技产品等）自然地融入其中，提升品牌形象，吸引目标客户群体。

拍摄风格：现代、高端、大气，强调产品与城市环境的和谐共生。21 世纪初，随着科技的快速发展，无人机的体积开始缩小，成本也在不断降低，功能也越来越丰富，逐渐有更多的商用无人机出现，紧随而来的就是使用无人机进行广告航拍。无人机摄像机的出现，大大增强了广告的创新性和吸引力。

广告航拍的发展始于 20 世纪 80 年代末，那时还主要依赖直升机获取高空视角。这对于预算不高的项目来说，成本较高。进入 21 世纪，随着无人机的普及，广告航拍开始进入一个新时代。通过使用无人机，广告制作人员能够以更低的成本，获取更具

有创新性和吸引力的素材。

无人机可以飞得更低，更靠近目标，而且可以在空间中轻松地做各种复杂的飞行动作，这在传统直升机航拍中是无法实现的。航拍的角度和视野不仅仅局限于地面或者建筑物的高度，还可以做到真正的鸟瞰角度，使得广告能够在视觉效果上产生更大的冲击力。

无人机的演变持续到今天，现在的无人机在操作方式、飞行稳定性、影像质量、导航精度等方面都取得了显著的进步。相信未来无人机在广告航拍领域会有更广阔的应用前景，将会给广告创作带来更多的可能性和创新。

知识点❶ 广告航拍的现状

（1）广泛的应用。无人机航拍已经成为广告行业的主流手段。商业广告、房地产广告、旅游广告等多个领域已经广泛使用无人机航拍。

（2）技术进步。无人机和摄像头技术的不断升级，使得航拍画质更加清晰，拍摄角度更加丰富多样。

（3）市场竞争。随着航拍行业的快速发展，市场竞争正在加剧。许多专业的无人机航拍公司正在为广告项目提供服务。

知识点❷ 广告航拍的发展趋势

（1）智能化。随着人工智能技术的发展，智能无人机正逐渐流行。无人机可以根据预设的程序自动完成拍摄任务，大大提高工作效率。

（2）细分化。在未来，航拍将在更多特定领域得到应用，比如无人机在广告拍摄中的应用可能会更加细分，比如室内航拍、微距航拍等。

（3）增强现实和虚拟现实。增强现实（AR）和虚拟现实（VR）技术将越来越多地应用在广告航拍中，使得广告更具互动性和沉浸感。

（4）法规的适应性。随着无人机航拍在广告中的大量应用，相应的航拍规定也会越来越完善。在符合法律法规的情况下，无人机航拍将有更广阔的发展空间。

1. 项目前期准备

（1）了解客户需求。与客户充分沟通，明确广告航拍的具体需求，包括拍摄区域、拍摄内容、拍摄时间等。

（2）制订拍摄计划。根据客户需求和实际情况，制订详细的拍摄计划，包括飞行路线、拍摄高度、拍摄时间等。

(3) 现场勘察。对拍摄区域进行现场勘察，了解地形地貌、气候条件等，确保航拍过程中的安全性和稳定性。

2. 航拍设备准备

(1) 选择合适的无人机设备。根据拍摄需求选择合适的无人机设备，包括航拍相机、无人机型号等。

(2) 检查设备状态。对无人机设备进行全面的检查，包括电池电量、螺旋桨、遥控器等，确保设备状态良好。

(3) 准备备用设备。准备必要的备用设备，如备用电池、螺旋桨等，以应对可能出现的意外情况。

3. 航拍任务执行

(1) 人员分工。明确各岗位人员职责，包括飞手、云台手、地勤等。

(2) 飞行前检查。进行起飞前的全面检查，确保设备状态良好、飞行稳定。

(3) 实施航拍。按照预定的飞行路线和拍摄计划进行航拍作业，确保拍摄内容的全面、清晰。

(4) 实时监测。对航拍数据进行实时监测和记录，确保数据的准确性和完整性。

4. 数据处理与分析

(1) 图像处理。对拍摄到的图像进行必要的处理和编辑，如色彩校正、图像拼接等。

(2) 数据整理。对航拍数据进行整理和分析，提取有用信息，为后续工作提供支持。

5. 项目总结与评估

(1) 评估拍摄效果。对航拍成果进行评估和验收，确保满足客户需求。

(2) 总结经验教训。对整个项目进行总结和反思，总结经验教训，为今后的航拍项目提供借鉴。

知识点❸ 广告航拍案例

在我国，无人机航拍已经被广泛应用在广告制作中。以下是一些优秀的广告航拍案例。

案例1：七匹狼男装"青春飞扬"广告

七匹狼是中国非常知名的男装品牌，它们发布的"青春飞扬"广告中就大量使用了无人机航拍。

广告以航拍技术开篇，紧张刺激的背景音乐与映入眼帘的海洋和帆船景象形成了鲜明对比，瞬间激发了观众的兴趣。接着，镜头切换到了帆船上的模特，模特以一种自由自在、随性洒脱的姿态展示了七匹狼的时尚男装。

此外，广告中还结合了城市的航拍画面，展示了产品在不同环境下的风貌，使观众有一种身临其境的感觉。整个广告通过航拍的方式展现了产品的活力和魅力，赋予了其阳光、向上的形象，使得观众对产品有了深刻的记忆。

广告中的大量航拍镜头，无论是极致的自然风光还是缤纷的城市景象，都以一种全新的视角呈现在观众面前，让人眼前一亮。可以说，如果没有无人机的加入，这份广告将无法如此深入人心。

从"青春飞扬"的广告案例中可以看出，无人机航拍在广告中的巨大作用。它不仅能够提供全新的视角，增加广告的感染力，也能为产品赋予全新的形象，使广告的效果大大增强。

案例2：中国南方电网

中国南方电网于2018年发布的企业形象宣传片中广泛应用了航拍技术。宣传片通过显示南方电网广大的服务区域，让人们立刻感受到公司强大的规模和影响力。在高空航拍的视角下，可以看见从城市到农村的用电线路，从山区到海域的输电线路。

在广告中可以看到，电力工人正在高空中进行维修，航拍的视角让人们更直观地看到南方电网工作人员艰苦的工作环境以及他们坚守岗位的决心，进一步树立了南方电网在电力行业地位的形象。

此外，宣传片还展示了广大的风电场与碧海、蓝天相伴的壮丽光景，强调了南方电网对绿色能源的开发利用，传递出南方电网的环保理念和责任。

中国南方电网的这则企业形象宣传片，达到了很好的品牌宣传和形象塑造效果。同时，在视觉上呈现出极高的震撼力，让观众记忆深刻。无人机电力巡检拍摄如图5-11所示。

图 5-11　无人机电力巡检拍摄

任务实施

1. 回顾分析：观看"中国南方电网"企业宣传片，回顾案例讲述的航拍拍摄技巧和后期处理手法，分析该广告如何运用航拍技术以及其中的艺术处理，同时，理解这背后的广告主企业形象的传达。

2. 创新设计：假设你需要为一家房地产公司制作一部宣传片，现在请你设计一份航拍拍摄脚本，包括具体路线、航拍点和拍摄内容等，同时，思考你希望通过这部宣传片传达给观众什么样的信息。

3. 拓展学习：找一部你喜欢的，使用了航拍技术的广告，并试图找出其中的妙处。分析这部广告是如何运用视角、空间和动态元素来契合产品的特点或者品牌的形象的。

4. 实战应用：请你根据自己所学，使用无人机（如果有条件）拍摄一段景色或建筑的视频，试图运用你所理解的航拍广告的原理，体验实际操作过程。

同学们在完成作业后，可以上交给教师进行评价，并在课堂上进行分享和交流。

任务3　航拍直播

任务描述

航拍直播是一种利用无人机进行的实时影像传输技术。无人机上装备的高清摄像头可以抓取高质量的影像，并将其实时传送到用户的手机、平板电脑或计算机上，并通过网络进行直播（图5-12）。这种技术的出现，让观众能够实时看到无人机所在的位置和无人机眼中的世界，给观众带来了全新的视觉体验。例如，无人机可以在探险、赛事、新闻报道、旅游景点等场合进行直播，让人们以全新的视角观看各种活动和现象。

图5-12　无人机直播

任务学习

知识点❶　无人机航拍在电视直播中的优势

无人机航拍作为新时代的直播方式，在当今电视直播中已大放光彩，特别是在处理自然灾害和重大特殊事件中，其独特的优势更是凸显。

首先，无人机航拍在应对突发事件中展现出无比的强大。在意外事件突然发生时，由于新闻记者需要考虑到自身安全，往往无法马上到达现场获取第一手信息进行实时报道，这时，无人机航拍就变得至关重要。航拍不受拍摄角度的制约，可全方位拍摄事发现场，最大限度地获取有价的值影像材料，不受任何外部物体对其速度的限制，可秒速抵达现场进行拍摄。举例来说，2017年怀化市遇到了百年一遇的洪灾，地面记者由于洪水的猛烈无法直接进入现场报道，而当地媒体迅速响应，派出航拍直播小组，快速环绕主城区进行无人机航拍，积累了大量珍贵的第一手影像素材，为后续报道的规划提供了强有力的支撑。救援无人机如图 5-13 所示。

图 5-13　救援无人机

其次，无人机航拍有助于增添画面的仪式感和隆重度。由于无人机航拍非常灵活，能在现场的任何角度进行拍摄，使得观众可以全面地观看到现场的全貌，从多个角度抓取最完整的信息。特别是在大型活动中，无人机航拍更能打造整个现场的气氛，带给观众一种视觉冲击，使人们能更好地领略到活动的壮观和隆重。例如，《壮丽70年 美好新海南》这部特别节目就是使用无人机航拍的，它将海南 70 年来的巨变和发展集中展现，让观众有一种强烈的民族自豪感和期待。

最后，无人机航拍有效地提升了直播的及时性和真实性。凭借无人机航拍的隐蔽性和灵活性，记者可以灵活地在现场进行拍摄，全方位展现现场状况，保证直播内容的时效性和真实性。比如，在调查城市住宅违章建筑或监测环境状况时，由于无人机航拍的隐蔽性，记者可以在航拍过程中将真实的违章建筑和环境状况披露出来，引起社会的广泛关注，以此推动城市的进步和发展。

知识点 ❷　无人机航拍在电视直播中的应用

1. 在卫星车直播中的应用

卫星车在电视直播中起着至关重要的角色，它主要负责直播信号的传输，保证直播的流程流畅、及时。卫星车通常使用 9 M 的带宽，主要通过迷你 HDMI 视频输出接口以及非迷你 HDMI 视频输出接口进行操作。对于普通的电视直播来说，其能够有效地传输高清视频信号,但对于无人机航拍来说,这还远远不够。

为了保证无人机航拍视频画质的高效输出,我们通常选择输出无损信号,并进行适当的硬件设备调整,以确保在各种条件下都能顺利完成拍摄。需要注意的是,在无人机航拍中,要通过转接线进行操作,而不是直接使用遥控器。转接线的转换头非常容易受损且稳定性不强,可能导致画面不稳定。

例如,浙江卫视的《年度风云浙商颁奖典礼》便是通过卫星新闻直播车(图5-14)进行直播的。整个节目的画面清晰流畅,播放效果非常好,足以说明卫星车在电视直播中的重要性。

图 5-14　卫星新闻直播车

2. 5G 网络＋无人机直播

近年来,随着我国 5G 网络通信设备及系统的迅速发展,5G 网络给网络视频直播带来了翻天覆地的变化。相较于传统卫星车传输,5G 网络的传输速度更快、成本更低,能够保证直播视频的高效传输,大大提升了直播效果。

5G 网络在无人机航拍中得到了充分应用。通过将 5G 网络通信与无人机航拍相结合,可以更好地扩大直播视频的影响范围,从而更好地满足观众的多元化观看需求。

例如,2020 年澳门国际烟花节上,华为携手南京邮电大学在澳门国际烟花比赛盛典上进行 5G 无人机直播,成功实现 5G 网络下海上烟花赛事的实时直播,展示 5G 技术在高清视频直播方面的优势。

在 2020 年河南郑州国庆盛典上,华为公司与中国电信携手,围绕郑州的主要景区和街道进行了 5G＋无人机巡逻、实时视频传输、实时视频直播等操作。这也是国内首次使用 5G 无人机在国庆庆典活动中进行巡逻直播。

在 2020 年中国东盟博览会上,中国联通利用 5G 无人机直播技术,进行会场全景航拍和各种活动的现场直播,有效提升了会展效果。

在 2020 年深圳马拉松上,广东电信利用 5G 承载的无人机对马拉松比赛进行直播,通过空中的视角让观众能更真实地感受到比赛现场的气氛。

在 2019 年长沙最美农业田园上,中国移动利用 5G 承载的无人机进行空中直播,突破传统直播的空间限制，为观众提供从空中俯瞰田园的全新视角。5G 直播的过程如图 5-15 所示。

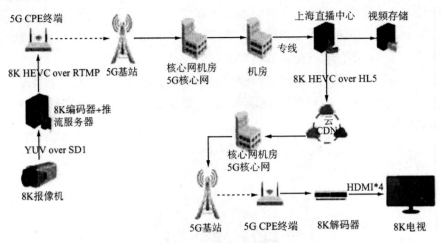

图 5-15　5G 直播的过程

以上案例充分展示了 5G 无人机直播的广阔应用空间和潜力，能带来全新的视觉体验和独特的视角，为各类活动提供了新的传播方式。

3. 通过手机自带网络实现电视直播

随着智能手机功能的日益丰富，尤其是网络功能的不断升级，人们现在可以通过手机来观看电视直播。目前，手机网络直播主要采用实时信息传输协议（RTMP）进行数据传输。通过此协议，用户可以获取由 Flash/AIR 平台提供的流媒体或交互服务器之间的音频和视频数据。在无人机航拍直播中，操作者可以通过 DJIGO 界面设置 RTMP 地址，然后通过指定的服务器和手机自身的网络进行推流。随后，服务端将这些数据解码并输出至演播室，实现电视直播的内容同步和实时传播。这样的技术运用，使得无人机航拍的实时视频传输及反馈更加便捷，也使观众可以更实时、更全面地理解航拍景象，为观众带来了全新的观看体验。

4. 通过光纤链路实现电视直播

光纤链路作为当前宽带网络传输领域中性能最优、速度最快的传输媒介，享有传输数据量大、数据质量高、数据损耗小、传输距离远等显著特点。因此，当无人机航拍的地点配备有光纤链路时，应首选使用光纤链路进行数据传输，以确保视频传输的最佳效果。

具体操作流程：首先，将无人机拍摄的视频信号输出至 Mini-Convereters，将其转换为 SDI 信号。然后，此信号被输送至卫星车中。最终，卫星车通过光纤链路将视频信号高效传输至演播中心进行直播。光纤链路实现电视直播的过程，如图 5-16 所示。

这种做法充分利用了光纤链路的高速度和高稳定性，确保了直播内容的高质量和

项目五　航拍应用与发展

实时性，为观众提供了清晰流畅的视觉体验。

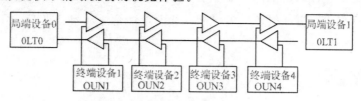

图 5-16　光纤链路实现电视直播的过程

知识点❸　无人机航拍新闻直播的应用场景

1. 突发事件

突发事件往往伴随着一定的危险性。新闻记者冒险进入现场拍摄不仅会危及自身安全，还会破坏现场，而且常常会遭遇设备不足、信号中断等问题，这些都为新闻追踪报道带来了巨大的挑战。传统的新闻摄影设备和技术离不开信号传输，这进一步限制了新闻报道的深度和广度。

然而，借助无人机航拍，记者可以在保证安全的前提下进行新闻报道。无人机不仅能在高风险区域获取视频资料，也可以利用现代通信终端技术在现场与控制中心建立有效的信息沟通渠道。这样，记者可以在安全距离之外进行电影级别的拍摄，同时又能够迅速稳定地传输到播出中心，大大提高了新闻报道的时效性和质量。

2. 户外大型活动与赛事

传统新闻摄影依赖于人工使用设备来捕捉事件的过程，但某些情况发生的地点和环境并不适宜人直接拍摄。例如，在户外大型活动和体育赛事中，由于视角和位置限制，很难全面地展现事件给观众，导致公众无法获取完整的新闻信息。

在新媒体的背景下，人们拥有更多元的渠道去获取和理解信息。因此，电视台的新闻记者应当积极使用无人机航拍技术，以此来向公众提供更全面的新闻报道。无人机能够从空中捕捉独特的视角，覆盖广泛的区域，从而为人们呈现出户外大型活动和赛事的全貌，使得公众能够真实、全面地掌握事件的具体情况。利用无人机航拍，不仅可以提高新闻报道的质量和深度，还可以丰富观众的视觉体验，使新闻更加生动、真实地呈现给公众。

3. 违建管理与环境监测

有些城市中出现了大量住宅顶楼违规建筑的情况，由于这些违建者通常不配合新闻记者的采访，记者往往无法获取具体的画面，从而使新闻内容难以被全面展现。然而，在新媒体环境下，记者可以利用无人机航拍进行报道，全方位、多角度地捕捉违规建筑的图像，从而使公众能够真实、全面地了解这一现象。

此外，环境污染监测与报道也是一项重要的任务。由于一些企业为了追求利益而导致环境污染，却常常不配合新闻报道，记者在采集相关信息时存在较大困难。这时无人机航拍的隐蔽性和灵活性发挥了重要作用，它能够协助新闻记者进行环境污染现场的拍摄，让舆论监督和报道成为可能，从而推动企业从自身做起、守法经营、保护环境。

任务实施

1. 前期准备

（1）设备检查。确保无人机及其配套设备（如相机、遥控器、电池等）状态良好，准备备用设备以防万一。

（2）场地勘察。提前勘察拍摄地点，了解地形、天气、飞行限制等情况，规划飞行路线和起降点。

（3）团队组建。组建专业的航拍团队，包括飞行操作员、摄影师/摄像师、地勤人员等，明确各自职责。

2. 申请许可

根据当地法律法规，向相关部门申请飞行许可或报备，确保合法飞行。

3. 现场实施

（1）安全飞行。严格遵守飞行规范和安全流程，确保无人机在视距内飞行，避免与其他飞行器或障碍物发生碰撞。

（2）精准拍摄。根据新闻事件或活动特点，选择合适的拍摄角度和构图方式，捕捉关键画面和精彩瞬间。

（3）实时传输。利用无人机搭载的实时传输系统，将拍摄到的画面传输至控制中心或直播平台，实现新闻直播的即时性和互动性。

4. 后期处理

对拍摄到的素材进行筛选、剪辑和调色等后期处理，提升视频质量和视觉效果。

根据新闻报道需求，将处理后的视频素材与文字、音频等内容进行整合，制作成完整的新闻报道。

课后习题

1. 无人机航拍在电力巡检中的优势是什么？
2. 以大疆无人机为例，简述无人机起飞安全检查的内容？
3. 简述无人机航拍在灾害应急响应中的作用。
4. 无人机直播对新闻报道有哪些影响？

项目六
航拍视频后期剪辑与制作

项目描述

1. 项目背景
随着无人机技术的普及，航拍视频已经成为一种独特的视觉艺术形式。航拍视频不仅能够展现宏伟的自然景观和都市风貌，还能为电影、广告、纪录片等影视作品增添独特的视角和表现力。本项目专注于航拍视频的剪辑与制作，致力于为客户提供高质量、具有创意的航拍视频作品。

2. 项目目标
本项目旨在通过专业的航拍视频剪辑与制作技术，为客户呈现精彩绝伦的视觉效果。我们将充分利用航拍素材的独特优势，结合创意剪辑和后期制作，打造出令人震撼的航拍视频作品。同时，还需关注客户需求，提供个性化的视频制作方案，确保作品能够精准传达客户的理念和需求。

3. 项目内容
航拍素材采集：利用专业无人机设备，采集高质量的航拍素材。在拍摄过程中，注重画面的稳定性和清晰度，确保素材的质量符合制作要求。视频剪辑与制作：在采集到航拍素材后，将进行专业的剪辑与制作。根据客户需求和素材特点，进行创意剪辑和特效处理，使视频作品更加生动有趣、引人入胜。

后期调色与音效：在剪辑完成后，将进行后期调色和音效处理。通过精细的调色和音效调整，使视频作品在色彩和声音上更加完美，提升观众的观看体验。

成品输出与交付：根据客户需求，将制作完成的航拍视频作品输出为不同格式和分辨率的成品，并按时交付给客户。

4. 项目意义
本项目不仅能够为客户提供高质量的航拍视频作品，还能够推动航拍视频产业的发展。通过不断探索和创新，我们将为航拍视频领域注入新的活力和创意，推动其向更高层次发展。同时，我们也希望能够为客户提供更多的价值和服务，满足其日益增长的需求。

项目准备

1. 明确项目目标与需求

在项目准备阶段，首先需要明确项目的目标和具体需求。这包括了解客户对航拍视频剪辑与制作的期望、预算限制、交付时间以及特定要求等。只有充分理解并满足客户的需求，才能确保项目的顺利进行和最终的成功。

2. 收集与整理航拍素材

航拍素材是制作高质量视频的基础。在项目准备阶段，需要收集并整理所有的航拍素材。这包括检查素材的完整性、清晰度以及是否满足制作要求。对于不符合要求的素材，需要及时与客户沟通并寻求替代方案。

3. 制定剪辑与制作方案

基于客户的需求和素材特点，制定详细的剪辑与制作方案。这包括确定视频的主题、风格、节奏以及需要使用的特效和音效等。同时，还需要明确剪辑与制作的流程和时间节点，确保项目能够按时完成。

4. 组建专业团队与分工

一个专业的团队是项目成功的关键。在项目准备阶段，需要组建一支具备丰富经验和专业技能的团队，并明确每个成员的职责和分工。这将有助于更好地协作和沟通，确保项目的顺利进行。

5. 准备必要的软硬件设备

为了确保项目的顺利进行，需准备必要的软硬件设备。这包括高性能的计算机、专业的视频剪辑软件、音频处理软件以及相关的输入输出设备等。同时，还需要确保这些设备的稳定性和兼容性，以避免因设备问题导致项目延误或质量下降。

6. 制订风险管理计划

在项目准备阶段，还需要制订风险管理计划。包括识别潜在的风险因素、评估其可能性和影响程度，并制定应对措施。这有助于我们在项目执行过程中及时应对各种挑战和问题，确保项目的顺利进行和最终的成功。

▶ 任务 1　航拍视频后期制作

知识点❶　发展背景

视频制作的后期阶段是一个复杂而细致的过程，其中涉及众多技术和创意的应

用。在现如今技术飞速发展的背景下，航拍视频逐渐成为一种流行且有力的表现手法，在后期制作中扮演越来越重要的角色。

通过运用先进无人机设备进行航摄，不仅能够得到高质量、广视野以及极具冲击力的画面素材，还能带给观众从未有过的观赏体验。例如，在商业广告、电影电视剧以及旅游推介等领域中，航拍镜头提供了全新视角和震撼感受。

当这些珍贵且独特的航拍素材被引入编辑室后，视频后期制作人员需要借助非线性编辑软件将其与其他地面素材相融合，并根据整个视频项目所规划出来的剧情节奏进行调整和精准操控。

目前市场上主流非线性编辑软件诸如 Adobe Premiere Pro、Final Cut Pro X 和 DaVinci Resolve 等都支持高效处理高分辨率的空中摄影数据。此外，为了使最终成品更加符合审美标准并吸引观看者，还需利用相关视频造型、动态图形设计、音乐混音等技巧对原始影像进行包装提升。

航拍视频在后期制作时也存在一系列挑战，如稳定性修正、连贯性保持，以及天气条件或光线改变而引起的色彩失衡问题等。因此，后期制作人员必须具备良好的专业知识和实际操作经验来有效解决这些难题。

总之，随着传媒产业通往数字化革命之路步履铿锵，视频后期制作已成为关键环节，在建立口碑竞争优势方面尤显重要。尤其是融合了航拍内容的视频项目，凭借匠心独运和精湛技艺在日益激烈的竞争市场中彰显强大的生命力。

知识点❷　视频后期制作概述

视频制作，简而言之，就是采集、整理以及编辑视频素材，形成一段具有一致逻辑的影片，以便受众能理解并领会到创作者的意图。视频制作是一个相当繁杂的过程，它可以分为前期及后期两个阶段。

在视频制作的前期阶段，即视频实际剪辑和编辑前的部分，各相关工作人员需要做好视频制作的各种准备工作。首先需要编写拍摄脚本。视频制作的最终目的是通过视频上展现的摄影镜头、人物之间的交互以及场景等各种元素来呈现创作者的逻辑思维和创意图。因此，在制作视频之前，相应的工作人员需要编写脚本，脚本上需要明确地描绘出人物关系、场景需求、镜头需求以及拍摄目标等详细的信息，以此来创建逼真地描绘出分镜头剧本，为接下来的实际拍摄工作提供指导。然后就是视频的拍摄，这就是视频素材的记录过程。按照分镜头剧本的要求，相关的视频拍摄工作人员使用录像设备来捕捉和记录声音、图像等元素，为后期视频剪辑提供必要的音视素材。

视频制作的后期阶段指视频剪辑人员根据脚本的要求，开始对已经拍摄完成的视频素材展开编辑，从把视频素材导入开始，再到用视频剪辑软件进行剪辑和制作，最后形成最终的视频产品，呈现给观众。

任务实施

（1）确定目标与需求：首先明确视频制作的目标和受众，了解需求，为后期制作提供方向。

（2）筹备素材：收集、整理拍摄完成的视频素材，包括画面、音频等，确保素材的完整性和质量。

（3）确定软件与工具：选择适合的视频剪辑和后期处理软件，并根据需要准备相应的硬件设备和辅助工具。

（4）制订时间计划：为后期制作设定明确的时间表，确保项目按时完成。

（5）建立团队与分工：组建专业的后期制作团队，明确各成员的任务和职责，确保团队协作高效。

（6）风险评估与预案：提前评估可能的风险和问题，并制定相应的预案，确保后期制作顺利进行。

综上所述，视频后期制作任务前期实施需要明确目标、筹备素材、选择软件与工具、制订时间计划、建立团队与分工以及进行风险评估与预案制定。

▶ 任务 2　视频后期制作关键技术

知识点 ❶　视频格式转换技术

在视频后期制作领域，格式转换扮演着至关重要的角色。由于不同的播放环境和设备可能需要特定格式的视频文件，因此将原始素材编码成兼容性更广或效果更优化的格式显得尤为关键。市场上涌现出多种带有格式转换功能的媒体播放器，并以其用户友好型操作界面受到众多用户欢迎。这类软件大部分可直接在线使用，省去了复杂的插件安装过程。

然而，对于专业领域内从事影视剪辑工作人员而言，他们倾向选择如 Adobe After Effects（AE）、Adobe Premiere Pro（Pr）和 Corel Video Studio（绘声绘影）等功能强大且更具专业度高端编辑工具来进行精确的、量身定制的软件。通过这些软件提供的丰富调整参数与自定义选项，可以实现从简单幅宽/解析度调整到复杂边际修饰、滤镜套用等一系列深层级编辑任务，并保持高质量输出标准。

虽然购买正版专业软件常常意味着投资较高，但从长远来看能够获得稳定支撑和免费更新服务，并让创作者无拘无束地发挥创造力。

除此之外，在某些情形下，若只是进行基础级别格式互转，则可以选择如 Format

Factory（格式工厂）、Any Video Converter（视频转换器）等易用性强并满足日常使用功能但消耗资源少且成本适中的视频文件转换软件完成相应的任务。

知识点❷ 视频后期调色技术

1. 整体和局部调色

视频后期制作过程中的调色处理，既是一门技术，也是一种艺术。正确的色彩平衡使画面观感更加舒适，突出的色调则能凸显某个重点，使光影和色彩在视频中呈现出更加真实和生动的效果。

整体调色主要对视频的全局视觉进行调整，通过改变画面的饱和度、亮度等参数，光线与色彩可以被优化，从而增强视频的色彩表现力。这种调色方法侧重于对图片大局观的把握和统一性的呈现。

局部调色则用于更精细的处理。制作者通常运用局部调色对特定场景、角色或细节进行特殊处理，如运用色键和曲线等手法来制造不同的情感色彩、重点突出等效果。局部调色可以让视觉效果更丰富、更立体，从而极大提升观众的观赏体验。

在调色过程中，视频剪辑师常常依赖软件示波器进行辅助。由于人眼对色彩的敏感度有限，工作人员在长时间工作、视觉疲劳后，很难准确判断各种色调和亮度。此时，软件示波器能准确地显现画面的色彩数据，配合专业制作者透彻的色彩理论知识和丰富的实践经验，即使处于复杂而艰巨的后期制作工作，也能调整出宛如生活般的色彩画面。

因此，无论是整体调色还是局部调色，都是为了达到一种给观众最佳视觉享受的艺术效果，让每一帧视频都宛如一幅精心制作的画卷，充满生动活泼的生活味道，满足观众日益增长的高品质视觉体验需求。

2. 通过滤镜进行调整

在视频后期制作过程中，滤镜不仅能创造出不同的视觉效果，也是调整色彩的重要工具，如通过模拟胶片滤镜来复刻胶片的独有视觉感官，提高观看者的视觉体验。

用滤镜模拟胶片效果，可以在保留画面原本质感的同时，让色彩饱和度达到平衡，并让画面细腻度得以提升。获得胶片效果的传统方式，如胶片转录成数字的调色过程，往往成本较高。因此，滤镜模拟胶片技术的出现，便成了一种既实惠又方便的替代方案，并在视频后期制作中广受欢迎。通过简单的操作就能实现一键生成，大大节省后期制作的时间。

尽管如此，此类技术并非完全无懈可击。不合适的滤镜使用可能会降低视频本身的质量，因此选择专业的滤镜软件成了关键的一步。滤镜软件如 Film Convert 或 Davinci Resolve 等，可以准确模拟各种胶片的质感，并提供多种参数可供调整，以实现滤镜效果的高度个性化，同时也能够确保视频的品质，让最终输出的成片达到预期效果。

知识点❸ 视频后期剪辑技术

1. 针对节奏的视频镜头时长处理

在视频后期制作中，剪辑处理是不可或缺的环节。由于时间和情节安排的限制，我们往往需要根据视频内容进行初始剪辑，以满足成本需求和显示视频作品的制作意图。

不同风格的视频，如恐怖片，需要不同的剪辑处理。例如，恐怖片往往以激烈和紧张的节奏为主，因此，在剪辑过程中需要突出这种急促感，这就需要使用时长较短的镜头，同时也需要注意对轻松情节的剪辑处理，以创造出情节之间的落差，更好地烘托出所需的气氛。

所以，根据视频的节奏进行剪辑处理能够帮助观众更好地投入其中，从而提升视频的表现力，提升观看体验。我们需要根据视频的风格和内容，采用适当的剪辑手法，将最好的视觉体验带给观众。

2. 针对风格的视频镜头时长处理

使用长镜头有助于呈现时间的跨度，但这可能会导致成本增加。因此，另一种方法是对某一镜头进行细致的剪辑处理，将其分为多个阶段，既能带来期望的效果，又可以全面地展现内容。以高空坠落的镜头为例，可以将这一部分内容划分为下坠、坠落过程以及落地3个阶段，并适当穿插其他内容。这样的处理方式使我们能在有限的时间内，完整地展示出坠落的全过程，同时也保留了片段的紧张感，允许观众有时间去思考并理解。

3. 针对需求的视频镜头时长处理

视频后期剪辑是一个非常重要的环节，影响视频的连贯性以及观众的观看体验。举例来说，在战争影片的制作中，节目主题是为了揭示战争真实的面貌，因此，在剪辑过程中，需要去除过多的对话情节，避免主题失焦，从而避免观众产生负面情绪。

在后期剪辑中，要确保在有限的时间里准确地传达出我们想要展示的内容与思想。因此，需要综合视频的表现风格和观众的需求，设计出恰当的剪辑策略，从而提升整个视频内容的质量和接受度。

▶ 任务3　视频后期制作常用软件

知识❶　Adobe After Effects（AE）

目前，Adobe After Effects（AE，图6-1）这款软件的应用十分广泛，这归功于其强大的功能和丰富的应用范围。它不仅可以进行视频编辑，还能用于设计和创造，是一款集多功能于一身的视频处理软

图6-1　AE

件,尤其在视频后期制作和影视特效制作等方面得到了广泛的应用。

AE 在应用上并不复杂,只需掌握其各项功能和操作,就可以顺利进行视频后期制作。值得一提的是,它拥有许多类型的特效插件,因此在视频后期制作行业中备受推崇。

除基本的视频编辑功能外,AE 还提供特效制作等功能,完美实现 2D 与 3D 的合成,因此在影视处理中有着广泛的应用。另外,AE 具有强大的路径功能,且兼容所有的视频格式,这大大减少了视频格式转换的步骤,进一步提高了工作效率和画面质量。

知识点❷ Premiere Pro (Pr)

Premiere Pro(Pr,图 6-2)是 Adobe 公司的优秀产品,在视频后期制作行业中大放异彩。与 AE 相比,Pr 的专业性更强,所以需要使用者具备一定的专业技能。尽管对初学者来说使用它时可能会有一些困难,但是它在视频后期制作中所展现出的能力令人印象深刻。

图 6-2 Pr

在所有的非线性视频编辑软件中,Pr 始终占据领先的位置。特别是在影视行业和多媒体节目后期制作中,这款软件发挥了巨大的作用,并产生了重要的价值,因此深得专业人士的喜爱。

Pr 的兼容性很强,不仅支持各种视频格式,还包括动画、音频和图像等文件,而且能够轻松地进行格式转换以满足不同的需求。此外,Pr 的版本众多,每个版本都有其自身的性能和特性,适应各种不同的应用场景。

知识点❸ Vegas

随着视频后期制作行业的飞速发展,各种编辑软件如雨后春笋般涌现,Vegas(图 6-3)就是其中的一员,可与和 Pr 相媲美。特别是对于初次接触视频后期制作的新手来说,Vegas 具有显著的易操作性。

尽管 Vegas 的操作界面简洁明了,但它的功能却异常强大,用户可以随心所欲地进行视频剪辑,包括影像合成、声音编辑甚至转场特效等操作。因此,Vegas 不仅是专业人士的首选工具,众多个人用户也乐于选择这款软件。该软件操作简易,易于上手,且适用于多个视频后期制作领域。

图 6-3 Vegas

目前,Vegas Pro 8 是一款面向所有视频剪辑工作者的多功能软件,它可以大幅度提升视频后期制作的效率,无论是对于专业工作者还是个人用户,都是一个理想的选择。

知识点❹ 剪映

剪映（图 6-4）是抖音官方推出的一款手机视频编辑剪辑应用。剪映所有的功能免费使用，体积小巧，操作简单。它提供了各种各样的视频剪辑编辑功能和素材，支持切割、变速、倒放、转场等专业功能，并且可以按照自己的需求点击相应的功能即可编辑视频，还有贴纸、滤镜等大量在线素材供使用。

图 6-4　剪映

▶ 任务 4　视频剪辑软件操作流程

任务学习

知识点❶　认识剪映电脑版的操作界面

1. 添加素材

首先，双击计算机桌面的剪映专业版，启动软件，如图 6-5 所示。

图 6-5　启动软件

打开软件之后会看到如图 6-6 所示界面，单击导入素材或者直接将素材拖入"导入素材"区域即可导入原始文件。

项目六 航拍视频后期剪辑与制作

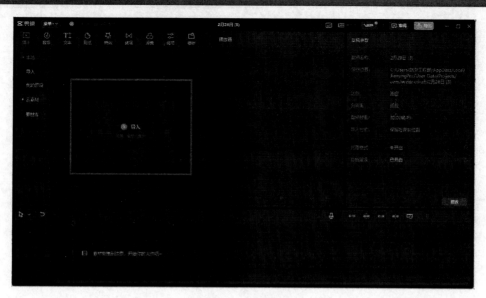

图 6-6 导入素材

2. 将素材拖入时间轴

素材导入之后就会出现如图 6-7 所示界面，拖拽视频素材至下方时间轴就可以开始编辑素材了。

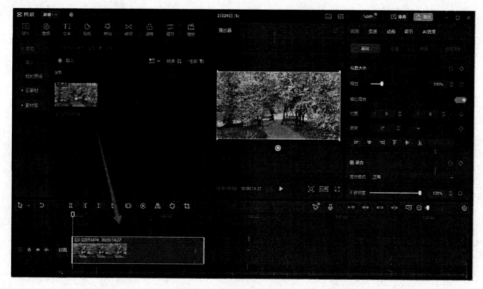

图 6-7 将素材拖入时间轴

3. 操作界面的介绍

剪映操作界面如图 6-8 所示。

图 6-8 剪映操作界面

（1）一号区域。这个区域主要是进行音视频素材之间的切换，以及添加文本、贴纸和转场效果的选区，单击每个选项就会切换到对应的操作区。

（2）二号区域。这个区域可以实现对当前选中素材进行剪切、删除、定格、镜像等操作。

（3）三号区域。这个区域可以对一号区域中所选择的效果进行参数调整，以获得更好的视频效果。

知识点❷　不同区域的使用方法

1. 一号区域

（1）添加音频的方法。如果想添加软件自带的抖音背景音乐，直接选择音乐或者音效素材，选择自己喜爱的音乐，下载就可以导入到音频库中。

下面介绍导入本地音乐或者网络上的音乐的方法（以 QQ 音乐播放器为例）：首先，找到自己想要加入到音频库的素材，下载素材。下载成功之后，在播放器左栏的"本地音乐"中找到刚下载的音乐，右键单击，选择"浏览本地文件"，然后直接把音频文件拖拽到剪映软件中就可以将音频素材导入音频库中，如图 6-9～6-12 所示。

项目六 航拍视频后期剪辑与制作

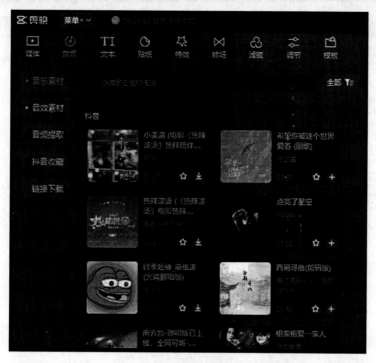

图 6-9 音频选择区域

图 6-10 下载自己喜爱的音频素材

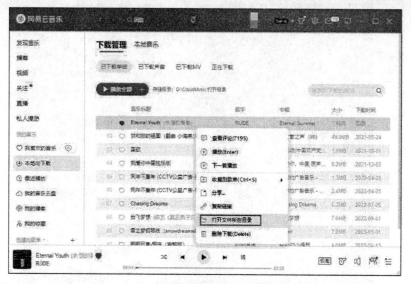

图 6-11　找到音频的本地文件

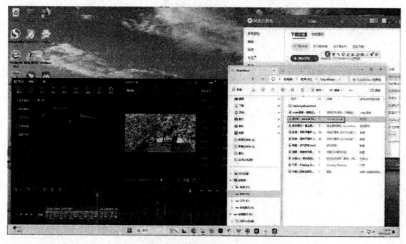

图 6-12　直接拖拽音频文件到剪映的音频库中

（2）音频踩点的方法。针对节拍感强的音乐，把音乐的节拍和视频的切换踩到一个点上可以做到相得益彰。剪映提供了两种踩点方法：手动踩点和 AI 自动踩点（仅针对音乐素材里的卡点类音乐）。

顾名思义，手动踩点就是需要视频剪辑者听音乐的节拍自己踩点，而自动踩点则不需要。下面先介绍手动踩点的方法。

首先选中要踩点的音乐素材，在时间轴的上方有个小旗子标志，这就是手动踩点的选项，点击这个选项后就会在当前时间指针停留在的音频位置处留下一个黄色的点，后期视频的转场和衔接就可以以这个点为参考，如图 6-13 和图 6-14 所示。手动踩点要求剪辑者边听 BGM 边加点，有一定的难度，需要多加练习。

项目六 航拍视频后期剪辑与制作

图 6-13 手动踩点

图 6-14 踩点之后，音频上显示黄色标记点

（3）删去踩好的点。首先要选中已经踩好点的音频，拖动时间指针到想要删去的点，这个过程中点会变大。这时就可以删除点了。点击时间轴上方有"一"号的小旗子，是仅删除当前选中点，有"×"号的小旗子是把当前所选音频的所有点删除，如图 6-15 和图 6-16 所示。

图 6-15 点变大之后的删除操作

图 6-16 两个小旗子，左边为仅删除当前点，右边为删除所选音频的所有点

（4）自动踩点。选择音乐素材中的卡点类音乐，拖入时间轴中，选中这个音乐，一个下方有"AI"角标的小旗子就亮了，说明这个音频可以自动踩点，点击即可，如

图6-17所示。

图6-17　卡点类的音乐自动踩点

（5）音频时长调整方法（所有时间轴素材的时长都用这种方法）。在素材的两端有一条灰色的短细线，长按灰色短细线并沿时间轴拖拽就可以调整素材持续时长，如图6-18所示。

图6-18　素材两端的灰色短细线

这里要介绍一个很重要的细节，那就是自动吸附。图6-19所示的青色图标表示已经开启"自动吸附"，这意味着在拖动素材时（比如两端分开的音频素材），当它们距离很近时就会像磁铁一样头尾严丝合缝地"吸附"在一起，视频之间没有间隙，不会出现视频衔接不连续的情况。同样，如果在开启"自动吸附"的情况下拖动时间指针，在视频的末尾也可以发现时间指针变成了青色（图6-20），这说明时间指针已经与视频末尾对齐，当前位置就是视频的最后一帧。单击"自动吸附"按钮之后，"自动吸附"功能就关闭了，这时你再拖拽素材，即使两个素材离得很近，它们也不会"吸附"在一起了，同样，拖动时间指针，指针在素材末尾也不会变色，也不能快速地找到视频的末尾了（图6-21）。但是自动吸附功能并不是一直有益的，如果添加的素材不需要完全与时间轴上的其他素材对齐，那么就可以关闭它。

项目六　航拍视频后期剪辑与制作

图 6-19　自动吸附开启

图 6-20　关闭自动吸附无法快速定位到视频末尾

图 6-21　开启自动吸附之后，指针到视频末尾会变成青色

　　自动吸附主要用于相同轨道两端素材的无缝对接，以及不同轨道中素材的起始位置的对接。将前后两端素材进行无缝对接，如果在自动吸附关闭的状态下，会发现操作起来特别困难，无法准确把握，容易将素材接多或者接少，接多了会跳到上一层轨道中，接少了两端素材中间会有黑色的夹帧，导致黑屏，如图6-20所示。在选择打开自动吸附功能状态下，移动素材，后面素材刚好对齐前段素材尾部，开启自动吸附之后，指针到视频末尾会变成青色，此时就表示两段素材完全对接上，如图6-21所示。

　　如果是用提取音乐的方式导入旁白，那么识别字幕时就会出现暂未识别到人声的情况。这时可以先把视频剪完，然后把剪好的视频导出剪完，最后再把剪好的视频导出。

　　导出后再通过画中画导入视频，这时再点击识别字幕就可以识别了。字幕识别的是视频中的声音,而不是导入的音频。这里也有一个例外,如果你是用剪映中的录音来录制旁白,那么这个音频是可以识别的。剪映专业版可以实现自动识别字幕,如图 6-22 所示;提供了与手机端一样丰富的字体样式,如图 6-23 所示;可以别中文歌曲,并自动添加字幕,如图 6-24 所示。

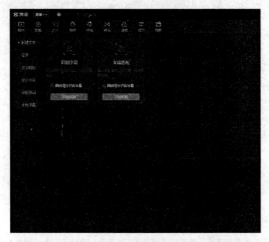

图 6-22 剪映专业版自动识别字幕

图 6-23 剪映专业版的字体样式

图 6-24 剪映专业版识别中文歌曲,并自动添加字幕

剪映中的贴纸常用方法：第一种方法就是给视频做一个有趣的进度条；第二种方法就是通过贴纸以及关键帧给视频制作一个动态的专属LOGO；第三种方法就是给视频打上一个马赛克。剪映专业版提供的贴纸如图6-25所示。

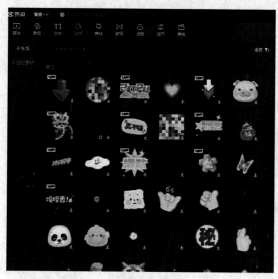

图6-25　剪映专业版提供的贴纸

（6）添加字幕、贴纸。以添加文本为例，两者实质是一样的，学会添加文本自然就会添加贴纸了。

首先点击"文本"选项，如图6-26所示，选择左下方的"新建文本选项"，挑选适合视频的字体样式。这时文本会先出现在播放器中央，以供用户预览，此时文本还没有被添加到视频中，长按选择的文字效果，拖拽到时间轴后，文本才被添加。在播放器右端的"文本"选项中的文本框中输入想输入的文字，如图6-27所示，下拉菜单中可以选择字体、填充颜色和调整文本的不透明度。

图6-26　"文本"选项

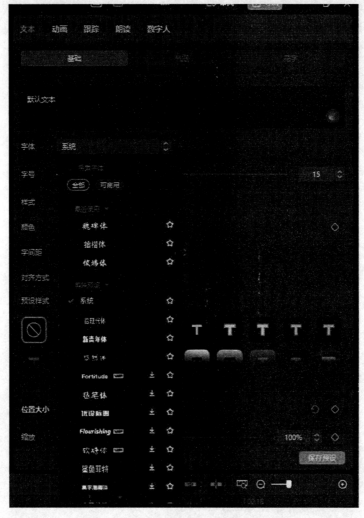

图 6-27 "字体"复选框中免费试用的字体

如果要调整视频中文本的位置和大小需要先选中文本，单击时间轴中棕色的文本素材即可选中文本。调整大小直接拖拉播放器中文本框四角的锚点即可。调整文本位置直接长按播放器中的文本，拖拽到想要的位置就可以了。

调整文本时一定要注意两点：首先，一定要先选中文本，在编辑多文本素材时，如果选错了文本，不仅得不到原有想要的文本效果，已经调整好的文本也会因为错选而被更改；其次，更改时如果要预览效果，一定要把时间指针拖动到文本出现的区域，否则无法预览。

图 6-28 中虽然已经选中文本，但是播放器并没有文本显示，原因就在于时间指针位于视频最开始而不是文本出现的时间段。移动文本时软件会自动生成参考线帮助定位文本的最佳位置，如图 6-29 所示。

项目六　航拍视频后期剪辑与制作

图 6-28　错误演示

图 6-29　移动文本时软件会自动生成参考线帮助定位文本的最佳位置

　　（7）添加转场效果。转场效果添加之前需要先把两个视频素材"吸附"到一起，然后选择"转场"效果，拖拽自己喜爱的转场效果到时间轴上，两个视频连接的部分即可添加转场效果，有时转场时长过短，起不到平滑连接两个视频的效果，可以在右上角的效果控制栏中调整转场时长。

　　如果想要删除转场效果，在时间轴上选中转场效果，点击时间轴上方的"垃圾桶"（删除键）即可。添加转场特效如图 6-30 所示。

图 6-30 添加转场特效

2. 二号区域

时间轴上方的控件大都是对所选素材进行简单编辑的，素材种类不同，对应的编辑方式也不同。下面仅介绍视频素材的编辑方式，其他种类素材也是类似的。

在图 6-31 中，从左到右（包括灰色未亮的选项）依次是：向后一步操作、向前一步操作、分割、向前标记、向后标记、删除、定格、倒放、镜像、旋转、裁剪、自动吸附、时间轴相对长度。

图 6-31 选中视频时，时间轴上方的编辑操作

（1）向后一步操作：撤销当前操作，回到上一步。

（2）向前一步操作：只有执行向后一步操作之后，才能向前一步，返回到最新的操作。

（3）分割（使用时需要选中素材）：在时间指针停留出将素材分割，然后自动选中前一段素材。

（4）删除：删除所选素材。

（5）定格：在执行"分割"操作之后，将前一个素材的最后一帧（也就是最后一个画面）延长一段时间，成为静止画面（默认为 3 s，可以在右上角的效果件栏中调整时长）。

（6）倒放：把选中的素材执行倒放，这个过程可能会占用较多的计算机内存，计算机可能会卡一点（卡的程度取决于要倒放的视频长度）。

（7）镜像：对选择的素材画面执行镜面对称操作。

（8）旋转：把选中的素材画面顺时针旋转 90°。

（9）裁剪：裁剪所选素材画面。

（10）自动吸附：前面已介绍。

（11）时间轴相对长度：如果视频素材过长，一直拖拽时间轴并不方便，减小时间轴的相对长度会把素材的相对长度变短。当然，如果素材太短不便于编辑，可以适当调大时间轴相对长度。

3. 三号区域

三号区域位于剪映操作界面的右上角，类似于 Pr 中的效果控件，主要对一号区域添加的效果进行参数调整，例如转场效果的持续时长、添加文本的字体样式修改、音频的淡入淡出。下面主要介绍视频和音频的效果控制，其他效果的参数更改读者可自行学习。

（1）视频效果控件。要对视频素材的效果进行控制，首先还是要在时间轴上选中要更改的素材，然后观察操作界面的右上角会出现如图 6-32 所示的"画面"选项，主要针对播放器中的画面进行简单的修改。例如"磨皮"和"修脸"选项用于对人物面部进行修改。

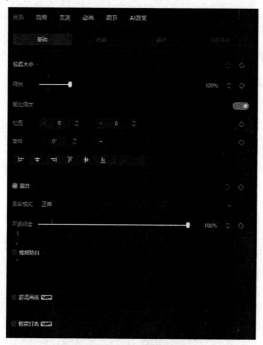

图 6-32　时间轴设置

（2）"音频"选项。这个选项和一号区域的"音频"效果不是同一个。这里的"音频"仅针对选中视频素材所自带的原声音频，通过选择不同的音频效果，原视频中的人声可以被调音成不同的人声，如图 6-33 所示。

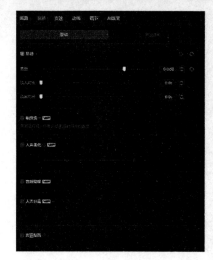

图 6-33 "音频"选项

（3）"变速"控件。可以调整视频的播放速度，如图 6-34 所示。例如原视频的播放速度是 1x，帧速率为 30 fps，如果改成 2x，那么帧速率就会变成 60 fps，但是这时要注意，如果原视频的速率确实是 30 fps，那么就意味着这个视频素材 1 s 只能播出 30 帧，更改帧速率为 60 fps 后，原视频提供不了那么多的帧，视频速率还是 30 fps。而如果把帧速率调整到 15 fps，那么就意味着每两帧就要舍弃一帧以满足 15 fps 的帧速率要求，视频就会出现掉帧情况，尤其是拍摄运动画面时，会明显地感觉动作不连贯。所以调整视频播放速率时一定要注意参数的取舍。注意，这个选项还有一个"声音变调"的功能，开启这个功能之后，后期配到视频上的 BGM 声调会改变。

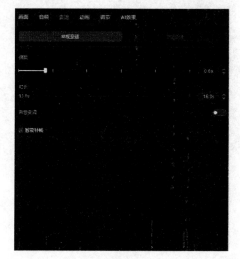

图 6-34 通过拉动控制条调整视频的播放速度

（4）"动画"选项。这个选项是为了解决单个视频出现和消失的突兀感，慢慢地把视频观看者带入到视频中。"动画"分为入场动画、出场动画和组合动画 3 类，入场动画只负责视频出现时的动画，出场动画只是视频消失时的动画，组合动画则兼顾前两者。选择一个动画效果之后下载这个效果就可以应用到所选中的视频素材，下方的动画时长可以控制动画的持续时间，如图 6-35 所示。动画其实与转场十分相似。

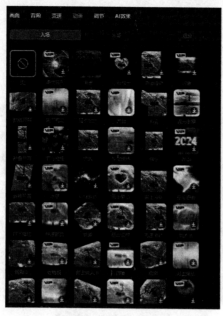

图 6-35　"动画"选项

（5）"调节"效果。视频就是不同的照片按照顺序依次播放后的产物。既然照片可以调节色调、不透明度、对比度等参数，那么视频也可以调节这些参数，只不过，这种调节是针对所有组成视频的照片——帧而言，如图 6-36 所示。

图 6-36　调节视频中的色调、色温、对比度等参数

4. 导出和保存

导出文件有 3 种方式（图 6-37）：

①单击窗口左上角的菜单→文件→导出。

②单击窗口右上角的"导出"按钮进行导出。

③使用 Ctrl＋E 快捷键导出文件（快捷键可以在窗口右上方的"快捷键"选项中查看）。

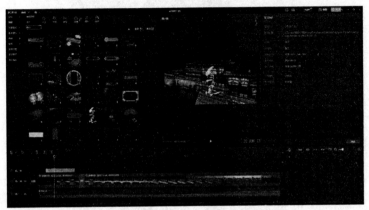

图 6-37　3 种导出文件方法

导出时还要对文件的导出位置以及属性进行调整，如图 6-38 所示。下面简单介绍视频属性及其含义。

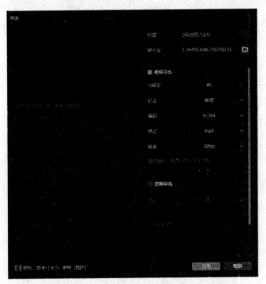

图 6-38　"导出"窗口

（1）分辨率。与照片一样，视频也是由一帧一帧的照片构成的，而组成数码照片的基本单位就称为像素。视频的分辨率就是指视频画幅的大小，如图 6-39 所示。一般其他参数相同的情况下，分辨率越高，视频就越大。

项目六　航拍视频后期剪辑与制作

图 6-39　分辨率设置

（2）码率。码率也称采样频率，可以理解为采样频率越高，得到的画面就更接近于真实世界，如图 6-40 所示。

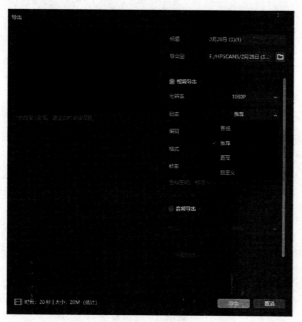

图 6-40　码率设置

（3）帧速率。在导出格式中设置帧速率，如图 6-41 所示。

141

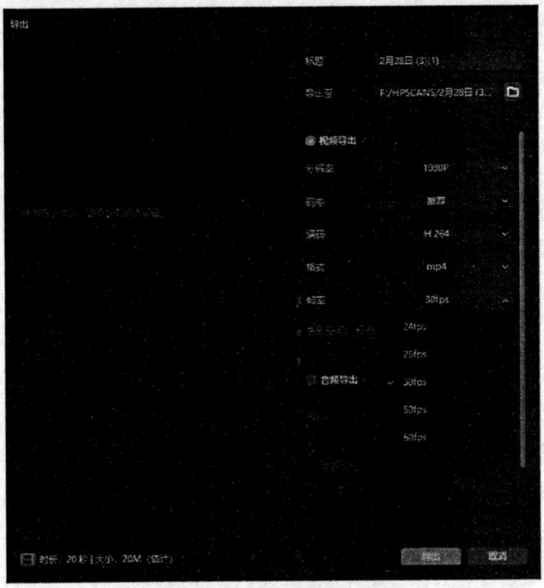

图 6-41 设置帧速率

（4）格式。视频的其他参数都相同，编码格式不同，导出视频的大小也会有差异，如果播放视频，一定要确保播放设备上有与视频编码格式对应的解码器，如图 6-42 所示。

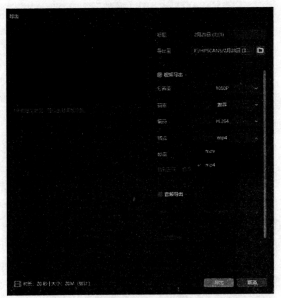

图 6-42 编码格式

（5）关于保存。剪映会在每一次用户进行更改操作时自动保存工程文件，并且在用户关闭剪映客户端时自动保存最新的工程文件，下一次打开剪映时直接点击草稿文件就可以继续编辑了，如图 6-43 所示。

图 6-43 在剪辑草稿中找到自己的草稿

任务 3　Photoshop 航拍图片处理实用技巧

知识点 ❶　Photoshop 概述

Adobe Photoshop，简称为 PS，是由 Adobe Systems 开发并发布的一款强大的图像处理软件。该软件主要用于对数字图像进行独特和高效的处理，其中包含了丰富的编辑和绘图工具，可让用户快速且高效地完成图片编辑工作。

Photoshop 的功能十分丰富，几乎可以满足所有的图像处理需求。此外，它还支持多种操作系统，使得用户在不同的平台上都可以进行图像处理工作。由于 Photoshop 的强大功能和出色性能，它已广泛应用于各个行业，几乎成为图像处理的行业标准。

1. Photoshop 软件构成

从功能方面进行分析，Photoshop 软件的主要功能包括图像编辑、图像合成、校色调色和特效制作。

图像编辑是 Photoshop 的核心功能，它可以对图像进行各种处理操作，包括放大、旋转、缩小、透视和倾斜等，以及修复破损图像，去除照片上的斑点和复制图像。

图像合成则主要指通过对多幅图像的图层操作，结合 Photoshop 中的各种工具，将分散的元素合成为一个完整的、具有意义的图像，这一功能在美术设计领域应用广泛。

Photoshop 还拥有强大的校色调色功能，能够实现对图像颜色的合理校正，并在不同颜色之间进行有效切换，确保图像能够满足不同应用的需求，如网页设计、印刷和多媒体等。

特效制作包括 Photoshop 软件中的滤镜、通道和相关工具，可以用于创造图像特效和特效字体的制作。通过 Photoshop，用户甚至可以复现一些传统美术技巧，如油画、素描等。

总体来说，Photoshop 是一款集编辑、合成、校色和制作特效等功能于一体的图像处理软件，既能满足专业设计师的需求，也适合个人用户进行创作与编辑。

知识点❷ Photoshop 航拍照片处理实用技术

1. 大小调整及翻转变形处理

首先通过 Photoshop 将飞行器所拍摄的照片打开，点击图像菜单中的大小命令，选择放大或者缩小照片，同时能够对放大或缩小的分辨率进行合理设置。如果需要翻转照片，可以选择菜单中旋转的指令，结合不同形式对照片进行翻转。如果需要进行变形操作，首先需要明确变形的范围，之后点击菜单中的自由变换指令，有效进行变形处理。

大小调整及
翻转变形处理

2. 航拍照片裁剪及位置的合理调整

很多情况下，飞行器拍摄的照片中存在一些不需要的景物或者任务，为了进一步提高照片效果，排除照片中的不必要元素，可以通过 Photoshop 进行合理处理，提高照片的美观性。首先，规则形状裁剪。找到软件中的裁切工具，之后将其拖动在照片内，形成虚线方框，通过鼠标指针对方框大小进行调整，将框外部分有效裁剪。其次，不规则形状裁剪。主要操作方法为通过软件中的套索工具明确区域，之后通过复制、粘贴、删除等操作对照片进行裁剪。

航拍照片裁剪
及位置调整

3. 航拍照片更换天空

在航拍照片中会经常遇到天空背景需要更换的情况，为了达到预期效果，可以通过 Photoshop 进行处理。Photoshop 中更换天空的办法很多，如混合模式更换天空、抠图更换天空等，但本文更换天空使用的是 Photoshop 自带的天空替换功能，此功能更换简单、方便且实用。打开需要替换天空的照片后，点开编辑中的天空替换，Photoshop 软件会自动识别图片中的天空部分，随后自动用蒙版去除图片中的天空，并且将天空替换成 Photoshop 中自带的天空素材。若对 Photoshop 的储存素材不满意，也可在其中添加所需要的天空素材，随后将替换的天空素材调整好所需大小及位置，将天空色温调整至与照片相符的程度后点击"确定"即可完成。Photoshop 会自动生成蒙版分组，若是需要整改，也可以在生成蒙版中用画笔工具进行调整。

航拍照片
更换天空

4. 航拍照片色彩校正、调色

Photoshop 确实提供了丰富的色彩校正工具和方法，其中最方便且高效的是使用内置的 Camera Raw 滤镜进行调整。Camera Raw 滤镜是 Photoshop 自带的强大调色工具，集成了色温、色调、曝光、对比度、高光、阴影、白色、黑色、纹理、清晰度、饱和度、曲线、锐化和单独颜色的色相、饱和度、明亮度的调整功能，还配备了颜色分级、明暗角、颜色校准和去污修复等实用功能。

图航拍照片
色彩校正、调色

在航拍照片色彩校正中，Camera Raw 滤镜的使用尤其重要。由于航拍照片常常需要应对各种复杂的光照和色彩条件，Camera Raw 滤镜中的多功能可以帮助我们更好地进行色彩校正和调整。可以通过调整色温和色调来改变整体的气氛和色调，通过调整曝光和对比度来修正照片的明暗和对比，通过调整高光和阴影来优化细节和层次，通过调整白色和黑色来提高照片的清晰度和对比。此外，还可以通过调整纹理和清晰度来提升照片的纹理和立体感，通过调整饱和度和对比度来增强照片的色彩和深度。对于一些特殊的需求，还可以利用颜色分级和颜色校正等工具进行更精细的修整。详细操作，如右视频所示。

知识点❸　Photoshop 中航拍照片处理实用技巧

1. 抠图

Photoshop 抠图技巧是一种基本但强大的工具，它允许对航拍照片进行精准的编辑，以突出照片中的特定元素或改善整体组合。抠图的方法很多，根据实际需要和照片的特点可以选择最合适的方法。

抠图

对于航拍照片，可以将抠图方法归纳为选区法和滤镜法。选区法，顾名思义，是选择照片中的特定区域进行编辑。例如，如果航拍照片中有一个具体的建筑或物体需要突出，可以用选区工具选中这个区域，然后单独进行编辑。如果照片的背景是纯色的，可以使用"魔法棒"工具来选择并分离背景和图像。如果背景色彩丰富，可以采用"通道"工具来帮助抠图。

另一个抠图方法是滤镜法。对于航拍照片来说，这可能是最常用也是最方便的方法。滤镜能够快速地改变整个照片的色彩和光照，而不仅仅限于特定的区域。可以根据自己的需求使用不同的滤镜，比如提高对比度、调整色温或增加饱和度等，来增强航拍照片的特点。

2. 去污

在航拍照片拍摄过程中，常常无法避免遇到一些不理想的因素，比如镜头前出现的杂乱物品，或者拍摄地点本身就存在一些干扰元素等。为了将航拍照片呈现得更加整洁、美观，利用 Photoshop 中的去

图去污

污功能来移除这些不需要的元素。

（1）污点修复画笔工具。这个工具可以进行小范围的图片修复，比如说，拍数码照片时可能会有泥点，直接用这个工具修复即可，非常简单。

（2）修复画笔工具。如果想把污点去掉，可以按 Alt 键，选取这个污点进行修复。

（3）修补工具。以选区的方式，可以先新建一个选区，然后进行拖拉，用这个选区里的内容进行修补。

使用可用素材将所需去除画面进行合理遮挡，使照片看起来美观，同时合理。

3. 拼贴合成图片功能

全景照片也被称为宽幅照片，以其宏大的体验和宽阔的视觉效果而备受人们的喜爱。大多数无人机在拍照时都不具备"全景"模式。

那么，是否有其他方法可以制作全景照片呢？答案是肯定的，我们可以拍摄一组照片，然后通过 Photoshop 将它们拼接成一张宽幅全景照片。但在拍摄这一组照片时，需要确保每张照片之间有足够的重叠部分，以便于无缝拼接。通常来说，在飞行器拍摄时，每张照片之间保持 30%～50% 的重叠度，拼接出的全景效果就会比较理想。

具体操作如下：

在 Photoshop 中打开拍摄的一组照片。将其中一张作为背景层，另两张解锁后，移动到此文档中，分别显示图层1、图层2。按着 Shift 键，将几个图层都选中，单击［编辑/自动对齐图层］。在［自动对齐图层］对话框中的［投影］处，选择［自动］，按［确定］。

拼贴合成图片功能

这时，这组照片已经拼接在一起，但是看起来效果并不是很好，重合部分的色调深浅不一，隐约可见，周边也有很多空隙。

接下来再使用［自动混合图层］命令，以上问题就完美解决了。还是在 3 个图层选中状态，单击［编辑/自动混合图层］。在［自动混合图层］对话框中的［混合方法］处，选择［全景图］，确认勾选［无缝色调和颜色］、［内容识别填充透明区域］，按［确定］。随后就可以看到图层面板上多了一个合并图层，这组照片已经无缝拼接在一起了。按［Ctrl+D］取消选区。最后，再适当调整一下亮度即可。

5.3.4 模糊图片处理

在拍摄照片，特别是在进行航拍照片拍摄时，一些不可避免的元素，如鸟、小型飞机、尘埃等，可能会侵入画面，造成照片的污染。通过 Photoshop 中的 USM 锐化滤镜功能便可以有效解决这一问题。在照片的每侧边缘位置形成暗线、光纤，体现其边缘效果，强化锐化效果。该技巧具有非常高的实用性，效果理想。可以结合具体需求对退化强度进行调整，数值越大效果越佳。

图模糊图片处理

项目六 航拍视频后期剪辑与制作

课后习题

1. 请使用 Photoshop 调整一张图片的亮度和对比度，使其更加鲜明且适合在社交媒体上分享。
2. 利用 Photoshop 去除图片中的多余人物或物体，保持背景不变。
3. 请为一张风景图片添加滤镜效果，使其看起来更加复古和温暖。
4. 如何使用 Photoshop 将一张图片中的颜色替换为另一种颜色？
5. 利用 Photoshop 的"液化"工具对人像进行瘦脸、大眼等美容处理。

参考文献

[1] 张文军，马悦. 建筑工程中的无人机测绘技术研究 [J]. 房地产世界，2024（1）：143-145.

[2] 赵杨. 无人机在桥梁工程中的应用 [J]. 工程建设标准化，2022（7）：79-83.

[3] 蔡锦峰. 无人机测绘技术在土木工程测绘领域的应用创新 [J]. 大众标准化，2021（1）：66-67.

[4] 徐海锋. 无人机摄影测量技术在公路工程勘测中的应用 [J]. 中国新技术新产品，2020（7）：17-18.

[5] 王超. 现代无人机技术研究现状和发展趋势研究 [J]. 科技风，2020（17）：12.

[6] 徐炳龙. 浅谈无人机技术在林业调查工作中的应用 [J]. 南方农业，2020（18）：71-72.